园林绿化职业技能培训初级教程

弓清秀 王永格 丛日晨 李延明 等 编著

中国风景园林学会

Elementary training course for occupational skills of landscape greening

中国建筑工业出版社

图书在版编目（CIP）数据

园林绿化职业技能培训初级教程 / 中国风景园林学会等
编著. — 北京：中国建筑工业出版社，2019.4
　ISBN 978-7-112-23258-1

　Ⅰ. ①园…　Ⅱ. ①中…　Ⅲ. ①园林—绿化—水平考试—
教材　Ⅳ. ① TU986.3

中国版本图书馆CIP数据核字（2019）第023097号

责任编辑：杜　洁
责任校对：芦欣甜

园林绿化职业技能培训初级教程
　　　　　　　　　中国风景园林学会　　编著
弓清秀　王永格　丛日晨　李延明　等
＊
中国建筑工业出版社出版、发行（北京海淀三里河路 9 号）
各地新华书店、建筑书店经销
北京雅盈中佳图文设计公司制版
北京中科印刷有限公司印刷
＊
开本：787×1092 毫米　1/16　印张：10　字数：243 千字
2019 年 3 月第一版　2019 年 3 月第一次印刷
定价：58.00 元
ISBN 978-7-112-23258-1
　　（33529）

编 委 会

前　言

　　自十八大把生态文明建设提升到国家"五位一体"的战略高度以来，我国城镇绿化美化建设事业飞速发展。同期，国务院推进简政放权，把花卉园艺师等一千多种由国家认定的职业资格取消，交给学会、行业协会等社会组织及企事业单位依据市场需要自行开展能力水平评价活动。在当下市场急需园林绿化人才，国家认定空缺的特定历史时期，北京市园林科学研究院组织一批理论基础扎实、实践经验丰富的中青年专家，以园科院20余年在园林绿化工、花卉工培训、鉴定及10余年在园林绿化施工安全员、质检员、施工员、资料员、项目负责人培训考核方面的经验，根据国家行业标准《园林行业职业技能标准》（CJJ/T 237—2016），结合最新的市场需求、最新的科研成果、最新的施工技术编写了这套园林绿化职业技能培训教程，以填补当下园林绿化从业者水平考评的缺失。

　　本书可作为园林绿化从业者的培训教材，也可作为园林专业大中、专学生和园林爱好者的学习用书。全书共分五册，本册植物与植物生理内容由卜燕华编写，土壤肥料部分由王艳春编写，园林树木内容由王永格、聂秋枫和赵爽编写，园林花卉内容由宋利娜和刘婷婷编写，识图与设计内容由李连龙和祁艳丽编写，园林绿化施工部分由董海娥编写，园林植物养护管理内容由王茂良、丛日晨和王永格编写，植物保护内容由郭蕾、邵金丽和潘彦平编写，其照片由关玲、薛洋、刘曦、董伟、王建红、卢绪利等提供，绿化设施设备部分由弓清秀和徐菁编写。

　　本书在编写过程中，作者对原北京市园林局王兆荃、周文珍、韩丽莉、周忠樑、丁梦然、任桂芳、衣彩洁、吴承元、张东林等专家们所做的杰出工作进行了参考，同时得到了桌红花、苑超等技术人员的帮助，在这里一并表示衷心的感谢！由于我们水平有限及编写时间仓促，书中错误在所难免，望各位专家及使用者多提宝贵意见，以便我们改进完善。

目　录

第一章　植物与植物生理

第一节　植物细胞与组织

一、植物细胞的形态与构造

植物体都是由细胞组成的，细胞是植物结构和生理功能的基本单位。

（一）细胞的形状和大小

植物细胞的形状是多种多样的。一般运送水分的细胞呈圆柱形管状；进行光合作用的叶肉细胞呈长柱形；起支持作用的细胞呈纺锤形；起保护作用的表皮细胞呈多面体。

植物细胞的大小相差很大。多数细胞都很小，平均直径在 $10 \sim 100 \mu m$ 之间（$1 \mu m = 10^{-3} mm$）。但有些植物的细胞较大，如葡萄的导管细胞直径达 1mm，肉眼可以看到，棉花的纤维细胞长约 $40 \sim 65 \mu m$。

（二）植物细胞的构造

生活的植物细胞由原生质体和细胞壁组成。细胞壁包围在原生质体的外面。原生质体包括细胞质、细胞核、质体、线粒体及其他细胞器等结构。随着细胞的生长，细胞内出现液泡及细胞内含物（图 1-1）。

植物细胞的组成部分如图 1-2 所示。

1. 原生质体

原生质体是植物细胞内具有生命活动的所有部分的总称。它是生活细胞中最重要的部分，细胞的一切代谢活动都在这里进行。原生质体包括细胞质、细胞核及其他细胞器。

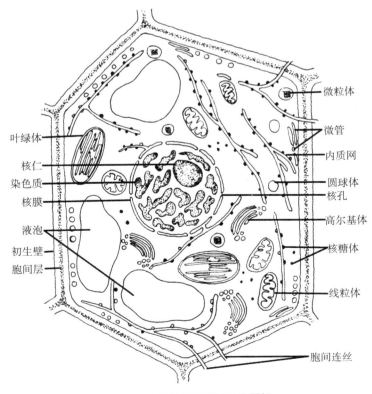

图 1-1　植物细胞超微结构图解

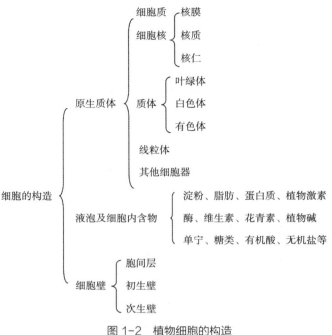

图 1-2　植物细胞的构造

（1）细胞质　细胞质是一种半透明的胶体物质。它的组成成分很复杂，因为它是生活物质，不断地进行代谢活动，组成成分也随时发生变化，主要是蛋白质、核酸、脂类、碳水化合物、无机盐和水等。

（2）细胞核　细胞核是控制细胞生命活动的中心，细胞核由核膜、核质、核仁 3 部分组成。

细胞核的功能主要是控制生物的遗传性和调节细胞内物质的代谢途径，对细胞的生长、细胞壁的形成、有机物的合成等都具有重要作用。

一些低等植物如细菌和蓝藻的细胞中，没有细胞核，仅有核物质，这类细胞叫作原核细胞，而具有细胞核的细胞称为真核细胞。

（3）质体　质体是绿色植物的细胞中特有的细胞器。以颗粒状分布在细胞中，对碳水化合物的代谢起着重要作用。质体分为叶绿体、白色体、有色体。

叶绿体位于茎、叶、果实等绿色部分的细胞中。叶绿体中含有绿色的叶绿素、橙黄色的胡萝卜素和黄色的叶黄素。叶绿体的主要功能是进行光合作用。

白色体是质体中最小的，不含色素的质体，一般呈球形或纺锤形。通常聚集在细胞核的周围，有些白色体在细胞生长过程中能积累淀粉，并和淀粉一起形成淀粉粒。有些白色体则能参与蛋白质或油滴的形成。含有原叶绿素的白色体见光后，可转变为叶绿体。

有色体是含胡萝卜素和叶黄素的质体。呈不规则颗粒状，存在于花瓣或果实中，使花或果实呈现红色、黄色，有时也存在于植物的根中。

以上 3 种质体在身体机能和外界环境条件改变时可以相互转化，白色体见光后可转变为叶绿体，叶绿体也可以转变为有色体，如开花时的子房包在花冠内是白色的，传粉受精后，花冠凋谢就变成绿色的果实，当果实成熟后就可以变为红色、橙黄色等。

（4）线粒体

所有生活细胞的细胞质中普遍存在的一种细胞器，它的个体很小，在显微镜下可以看到，呈颗粒状、棒状、丝状等，大小不一。

线粒体是进行呼吸作用的场所，即将有机物分解，并在分解过程中将有机物中贮存的化学能释放出来，供植物体维持生命活动和生长发育，常把它叫作"动力工厂"，是生命活动的重要基础。

2. 液泡及细胞内含物

（1）液泡的形成及其功能 液泡是细胞内含有水溶液的小腔室。其内所含的水溶液叫细胞液。一般说来，中央液泡的形成，标志着细胞已经生长发育为成熟的细胞。

液泡在细胞的生命活动过程中起着重要的作用。它能控制吸水，使细胞保持紧张状态，以利于各种生理活动的正常进行；是各种营养物质和代谢物质的贮藏场所；高浓度的细胞液，保持很强的吸水力，可以提高植物的抗旱和抗寒的能力。

（2）液泡内含物 植物细胞内所含的各种新陈代谢产物总称为细胞内含物。细胞内含物成分十分复杂，有些属于贮藏物质，如淀粉、蛋白质、脂肪；有些属于生理活性物质，如酶、维生素和植物激素；还有一些其他物质，如糖类、有机酸、单宁、精油、花青素、植物碱等。

3. 细胞壁

细胞壁是植物细胞特有的结构，包在原生质体的外面，使细胞保持一定的形状，起到支持和保护原生质体的作用。

细胞壁分为胞间层、初生壁、次生壁。

二、植物细胞的繁殖

植物细胞的繁殖方式有无丝分裂、有丝分裂、减数分裂3种。

（一）染色体

染色体是在有丝分裂和减数分裂过程中出现的一种结构，因极易被碱性染料染色而叫作染色体。

染色体的形状、大小和数目的多少随植物种类不同而不同。但他们的结构是相同的，都是由染色线和基质组成的。每条染色体由着丝点、长臂、短臂3部分构成，纺锤丝与染色体相连接的点叫着丝点。以着丝点为界把染色体分成两段，较长的一段叫长臂，较短的一段叫短臂。

每种植物染色体的数目是一定的。如桃为16，柑橘为18等。体细胞的染色体数目是性细胞（精子和卵子）染色体的二倍，称二倍体，以2n表示。性细胞为单倍体，以n表示。例如油松体细胞内染色体的数目为24，性细胞为12。

（二）无丝分裂（直接分裂）

无丝分裂是一种比较简单、原始的分裂方式。在细胞进行分裂时，首先是细胞核伸长，接着核的中间凹陷，慢慢分成两部分，然后细胞质也分为两部分，中间产生新的细胞壁，这样就由原来的 1 个细胞变成了 2 个细胞。

（三）有丝分裂（间接分裂）

有丝分裂是高等植物细胞增殖最普遍的一种分裂方式。根、茎顶端的伸长生长及根、茎的增粗生长都以有丝分裂的方式进行细胞分裂。

有丝分裂是一个复杂而又连续的过程，为了便于研究，人为地把这一复杂过程分为间期、前期、中期、后期、末期。

间期是细胞分裂的准备时期，大量积累细胞分裂所需的原料和能量，并完成 DNA 的复制工作。前期细胞里开始出现染色体，每条染色体纵裂为 2 个染色单体。中期，染色体有规律地排列在赤道板上，形成纺锤体。后期，染色单体向两级移动，纺锤丝收缩，将染色体拉向两级。末期，染色体又恢复成染色体粒，赤道板上形成新的细胞壁，把细胞质一分为二形成 2 个新细胞。

有丝分裂的结果，是由 1 个母细胞产生 2 个与母细胞在遗传性完全相同的子细胞。子细胞的染色体数仍保持母细胞的染色体数，即为 2n，保持物种特性不变。

（四）减数分裂

减数分裂是植物在有性生殖过程中形成性细胞时所进行的细胞分裂。例如，产生精子的花粉和产生卵细胞的胚囊形成时，都要经过减数分裂。由减数分裂所形成的细胞再经过几次或多次有丝分裂，形成精子和卵细胞。

减数分裂包括两次连续的分裂，两次分裂之间的间隔很短。这两次分裂的过程和有丝分裂的过程基本相似，但两次分裂时染色体只纵裂一次（即复制一次）。在第一次分裂时，染色体两两配对，并且每个染色体纵裂（复制）成两个染色单体，但着丝点未分裂，故两个染色单体未分离。以后，每对染色体分开，各向两级移动，这时每组染色体数目只有原来细胞的一半。第一次分裂结束，第二次分裂开始，这时纵裂的染色体着丝点分裂，染色单体完全分开成为染色体，并各向两级移动，染色体到达两极后又重新形成细胞核新的细胞壁。这样一个母细胞经过减数分裂后，形成 4 个子细胞。这 4 个子细胞未分离前叫作四分体，分离后成为单个子细胞。每个子细胞核内，染色体的数目为原来细胞的一半，故叫单倍体，其细胞内染色体的数目为 n 个。

减数分裂具有重要的意义，因为性细胞都是单倍体，经受精作用后形成合子（胚）又恢复了二倍体。在减数分裂过程中，染色体具有段片交换，与原种的遗传基因不完全相同，使植物产生变异。

（五）多倍体

在自然界中，由于杂交或其他条件的影响，会使植物细胞中具有二倍以上的染色体数，这种植物叫多倍体。如红杉的 n 为 11，2n 应该是 22，但它的细胞里染色体数是 66，这显然是大于 2n 的，它是 n 的 6 倍，因此叫六倍体。在细胞分裂过程中，当染色体已分裂，但在赤道板上还没有形成新的细胞壁以前，用秋水仙素处理，使细胞内不能形成新的壁，这样已经分裂的染色体仍在一个细胞内，细胞里的染色体数目可增加一倍，得到四倍体。用四倍体和二倍体进行人工杂交可得到三倍体。用此法也可得到七倍体、八倍体。

多倍体具有较强的生命力和适应性。其细胞、种子、果实及植物营养体都比二倍体大，产量高，在园林中观赏价值也高。目前农林生产上、园林植物育种上都已广泛应用，用来培育新品种。

三、植物的组织

由于植物细胞生长和分化的不同，在植物体内形成各种不同的组织。概括起来，植物体内有分生、薄壁、保护、输导、机械、分泌 6 大组织。

（一）分生组织

根据它们所处的位置及来源的不同分为以下几种。

1. 顶端分生组织

顶端分生组织位于植物的根和茎的顶端，由于它们的分裂和分化，使植物的根和茎能不断地伸长。

由原生分生组织分裂出来的具有分裂能力的细胞组织，叫初生分生组织。其特点是其中的一部分细胞仍保持细胞分裂的能力，另一部分细胞则进行分化，向着成熟细胞的其他组织发展。

实际上，原生分生组织和初生分生组织这两部分的总称，叫顶端分生组织。茎的顶端分生组织不仅能使茎不断地伸长，并能不断地形成新的叶和腋芽。

2. 侧生分生组织

侧生分生组织位于植物的老根和老茎的内侧，包括形成层和木栓形成层。由于它们的分裂和分化，使植物的根和茎能不断地进行增粗生长。

多年生的双子叶植物，特别是木本植物和裸子植物的侧生分生组织比较发达，使树干、老根、枝条年年增粗生长。由于单子叶植物中多数没有侧生分生组织，它们的茎和根就不能增粗。

（二）薄壁组织（基本组织）

薄壁组织是在植物体内分布最广的一种组织，它常与其他组织结合在一起，组成了植物体内的基本部分，又称为基本组织。

薄壁组织是生活细胞，一般比分生组织的细胞个体大，细胞内具有一个大液泡，细胞之间排列疏松，具有较大的胞间隙（图 1-3）。

薄壁组织在一定的条件下能恢复分裂能力，重新进行细胞分裂，形成次生分生组织。薄壁组织与多数植物体的营养关系密切。根据薄壁组织的形态、结构、功能的不同又分为以下类型：

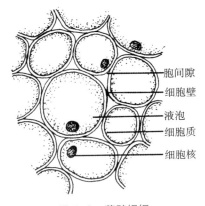

胞间隙
细胞壁
液泡
细胞质
细胞核

图 1-3　薄壁组织

1. 同化组织

同化组织分布在叶片及植物体的绿色部分。其细胞内含有叶绿体，是绿色植物进行光合作用制造有机物的场所。

2. 贮藏组织

分布在植物的根、茎、果实和种子里，其内贮藏有大量的淀粉、脂肪、蛋白质等营养物质。在干旱缺水地区的植物中具有专门贮藏水分的组织，称为贮水组织。还有一些贮存空气或通气用的薄壁细胞，称为贮气组织。如莲的地下茎（藕）、藻类的叶等。

（三）保护组织

保护组织包围在各个器官的表面起保护作用，即控制水分蒸腾、防止水分的散失、防止机械损伤和其他生物的侵害。

保护组织又根据来源和形态特征的不同，分为初生保护组织和次生保护组织两大类。

1. 初生保护组织

（1）表皮　植物的幼茎、叶、花、果实和种子的最外一层细胞是保护组织。它是生活细胞，细胞之间排列紧密，外壁进行角化并形成革质层、蜡被等（图1-4A）。

（2）气孔　在植物的茎、叶等表皮上分布着一些和外界进行气体交换的小孔，叫气孔，气孔由2个保卫细胞构成（图1-4B）。

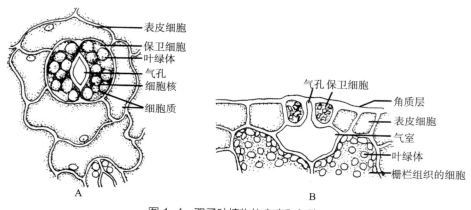

图1-4　双子叶植物的表皮和气孔

保卫细胞不仅能控制植物体与外界进行气体交换，而且能调节蒸腾作用的进行。

（3）表皮毛　表皮毛常具有各种不同的形状，是由表皮细胞向外引伸而成的。表皮毛可以防止病虫害的侵害，能减弱光对植物直射的危害，减少水分的蒸腾。

2. 次生保护组织

（1）周皮　它是老根和老茎最外面的一层，代替表皮起保护作用。

（2）皮孔　原气孔的位置不形成周皮而继续形成薄壁细胞，形成各种形状的突起即是皮孔。

（四）输导组织

根据运输物质的不同，将输导组织分为两大类：一类是输导营养物质的筛管；另一类是输导水分以及溶于水中物质的导管。

1. 导管与管胞

是木质部的一连串的具有运输水分和溶于水中物质的能力的细胞总称。

（1）导管 是被子植物运输水分的通道。长度因植物种类不同而不同，由几厘米到1m左右，由许多导管分子相互连接而成。细胞内原生质体溶解死亡，使其成为一个仅具有细胞壁的死细胞。而且，纵行排列的导管分子之间的横壁溶解形成穿孔，称为一条连通的管子，来完成运输水分和溶于水中物质的功能。

（2）管胞 是裸子植物和蕨类植物输导水分的主要通道。是一个两头尖的菱形死细胞，一般长约1～2mm，细胞的直径也很小。上下排列的管胞各以斜面衔接。水分上升是通过斜面上的纹孔对进入另一个管胞。所以，输导水分的效率低。

2. 筛管和筛胞

是一连串的具有运输营养物质能力的细胞总称。

（1）筛管 是被子植物运输营养物质的主要通道。由一些端壁相连的管状无细胞核的生活细胞构成，长0.1～2mm，在连接两个细胞的横壁上局部溶解，形成许多小孔，这些小孔叫筛孔，具有筛孔的横壁叫筛板。筛孔间有原生质丝相通，有利于有机物的运输。

筛管侧方有一个或几个称为伴胞的细胞相伴生在一起。伴胞是生活细胞，细胞内有细胞核，它与筛管来源相同，供给筛管营养物质的需要。没有伴胞的筛管很快就会死亡，失去疏导功能。

（2）筛胞 由单个的筛胞分子构成的。筛胞之间以纹孔相通。它不仅管子短，而且管子的直径也小，故输导效率低。一般为裸子植物和蕨类植物所具有。

（五）机械组织

机械组织的细胞大多为细长形，主要特点是细胞壁加厚。常见的有厚角组织和厚壁组织2种类型。

1. 厚角组织

为生活细胞，细胞内具有叶绿体。常在幼茎、叶柄或花梗上起支持作用。主要特点是细胞壁仅在角隅处加厚，故叫厚角组织。这种细胞壁不影响细胞的生长。所以，在器官形成时，是最早出现起支持作用的机械组织。

2. 厚壁组织

由整个细胞壁都加厚的死细胞组成，起支持作用。根据细胞的形态不同，厚壁组织又分为纤维、石细胞。

（1）纤维 细胞壁厚，细胞腔很小，细胞细长，而且两端尖细，略呈纺锤形。存在于韧皮部的纤维叫韧皮纤维，其细胞壁木质化程度低，韧性强，如棉、麻等，是纺织工业的重要原料。

存在于木质部的叫木纤维，其细胞壁木质化。它的细胞较韧皮纤维短，但硬而坚实、耐压力强，是构成木材的主要成分。

（2）石细胞　是细胞壁极度增厚，并木化、栓化形成的死细胞，次生壁上具有明显的纹层。这种细胞特别坚硬，支持效能最强。

石细胞常分布在茎、叶、果实和种子中，特别以果皮和种皮内最多。梨的果肉里也比较多，越是劣质的种类，石细胞越多。核桃、桃、椰子等坚硬的内果皮就是石细胞构成的。

（六）分泌组织

植物体内有些细胞可产生一些特殊物质，如蜜汁、黏液、挥发性精油、乳汁等。把能分泌这些物质或贮存这些物质的细胞群，叫作分泌组织。分泌组织分为外分泌组织和内分泌组织。

1. 外分泌组织　分泌物质直接排出到植物体的外面，如腺毛和蜜腺。

2. 内分泌组织　分泌物不直接排出体外，而是贮存在体内细胞里或胞间隙中。包括乳汁管、分泌囊、树脂道等。

乳汁管：由植物体内分泌乳汁的管状细胞构成。很多植物具有乳汁管，如乌桕、桑树、杜仲、菊科、桔梗科等。

分泌囊：也称为油囊。是被子植物中普遍存在的一种分泌组织，尤其以芸香科植物的果皮和叶片中最常见。柑橘类植物的果实所具有的香味就是分泌囊中的分泌物释放出来的。花的香味大都来自分泌囊中的分泌物——精油，它对招引昆虫帮助传粉具有重要的意义。

树脂道：多存在于松柏科的植物体中，由许多分泌细胞及由分泌细胞围成的管道状胞间隙组成。分泌组织分泌出来的树脂贮存在树脂道中，当植物体受到创伤时，树脂就流到体外将伤口封闭。

第二节　种子的构造与类型

一、种子的构造

种子植物的主要特征是具有种子。种子是植物界中结构最复杂、功能最完善的繁殖器官。种子中的胚是幼小的植物体，种子发芽后胚逐渐成长为幼苗，最后成长为植株。植物的种子一般都是由种皮、胚和胚乳三部分组成的。

1. 种皮

是种子外面的保护层，有些植物的种皮仅一层，但有些植物的种皮分为外种皮与内种皮两层。外种皮常见光泽、花纹和其他附属物。有些植物的外种皮扩展成翅，有的附生有毛等。

成熟的种子，在种皮上有种脐。在种脐的一端有小孔，称为种孔。当种子萌发时，种皮沿种孔处裂开，伸出胚根。种脐的另一端与种孔相对处通常隆起，这部分称为种脊。有些植物在种脐的上面还有肉质的种阜（图1-5A）。种脐和种孔是每种植物种子都具有的构造，而种脊和种阜则不是每种植物种子都具有的。

2. 胚

是种子的最重要部分。胚是幼小的植物体，包括胚芽、胚轴、胚根和子叶，胚轴上端连着胚芽，下端连着胚根，子叶着生在胚轴上。胚芽将来发育成地上主茎或叶，胚根发育为初生根。子叶的功能是贮藏养料或吸收养料以供幼苗生长，有些植物的子叶在种子萌发后展开变绿，能短时进行光合作用。

各种植物种子中子叶的数目，是不同的。根据子叶的数目，种子植物可分为三大类：具有两枚子叶的植物称为双子叶植物；具有一枚子叶的植物称为单子叶植物；裸子植物的子叶数目不定，通常 2 个以上，又称为多子叶植物。

3. 胚乳

位于种皮和胚之间，是种子内贮藏营养物质的部分，在种子萌发时供胚生长用。有些植物的胚乳在种子形成过程中被吸收掉，所以种子成熟后就无胚乳存在，这类植物种子的营养物质贮藏在肥大的子叶内。

在种子中，胚乳和子叶占种子的大部分。各种植物种子贮藏的物质不同，如核桃的子叶中含有大量的脂肪，板栗种子的子叶和梧桐的胚乳中含大量的淀粉，大豆种子的子叶中含有大量蛋白质。

二、种子的类型

根据种子成熟后胚乳的有无大致分为两类：无胚乳种子和有胚乳种子。

1. 无胚乳种子

这类种子只有种皮和胚两部分。它们的子叶肥厚，贮藏大量的营养物质。大多数双子叶植物都是无胚乳种子（图 1-5B）。

图 1-5 刺槐种子的构造

2. 有胚乳种子

这类种子由胚、胚乳和种皮 3 部分组成。胚乳占据种子大部分，胚较小，大多数单子叶植物和全部裸子植物的种子都是有胚乳种子（图 1-6）。

三、种子的萌发与幼苗的形成

1. 种子的寿命

种子的寿命就是种子保持发芽力的年限。因为种子在休眠和贮藏过程中，生活物质及

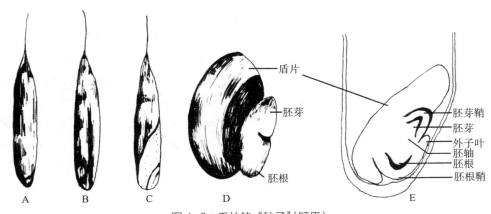

图 1-6　毛竹的"种子"(颖果)

A ～ C—种子外形：A—背面；B—腹面；C—侧面；D—取出之胚；E—胚的纵切面

贮藏物质不断分解消耗，生活力逐渐降低以致完全丧失。种子的寿命，因植物种类和所处的条件及成熟情况而异。在自然条件下种子的寿命一般为 3 ～ 5 年，寿命极短的种子如柳树种子，成熟后只在 12h 内有发芽能力；杨树种子一般不超过几个星期；大多数花卉种子为 1 ～ 2 年。

2. 种子的萌发

种子成熟后，在一般情况下如获得适宜的温度、足够的水分和氧气，就可以萌发。如杨、柳、蜀葵以及很多花卉的种子。但有些植物种子虽获得了适于发芽的条件但仍不能发芽，这种特性称为种子的休眠。这些种子在采收后必须经过一段时间的休眠才能萌发，如刺槐、红松的种子。

3. 幼苗的类型

当种子萌发时，胚根首先突破种皮迅速向下生长，在土壤中形成根系，使幼苗很快固定在土壤中，并从土壤中吸收水分和无机盐类。然后胚轴加强活动（伸长或不伸长），接着子叶出土或不出土，因而形成两类幼苗。

子叶出土的幼苗　种子萌发时，下胚轴迅速生长，把子叶、上胚轴和胚芽推出土面，这种形成幼苗的方式，称为子叶出土。大多数裸子植物和双子叶植物的幼苗都为子叶出土型（图 1-7）。

子叶留土的幼苗、种子萌发时，下胚轴不发育，或不伸长，只是上胚轴和胚芽迅速向上生长，形成幼苗的主茎，而子叶始终留在土壤中，这种形成幼苗的方式，称为子叶留土。一部分双子叶植物如核桃、油茶等，大部分单子叶植物如毛竹、棕榈、蒲葵等的幼苗都为子叶留土型（图 1-8）。

子叶出土留土，是植物对外界环境的不同适应性。这一特性为播种深浅的栽培措施提供依据，子叶出土的幼苗在播种时覆土宜浅，子叶留土的幼苗则可较深。

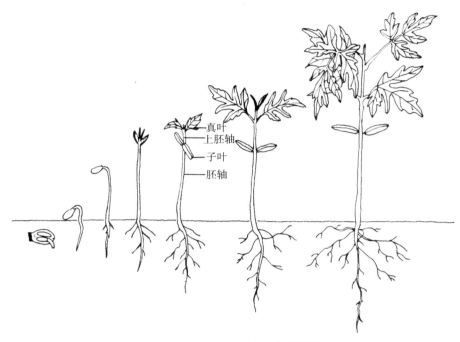

图 1-7 楝树种子萌发及幼苗生长

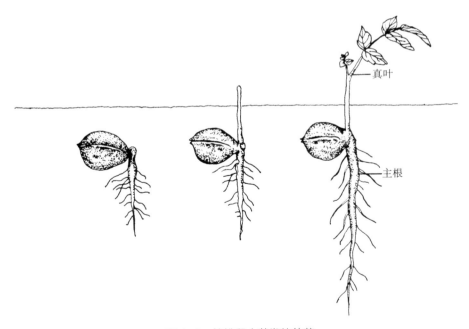

图 1-8 核桃留土萌发的幼苗

第三节　植物的营养器官

种子植物的根、茎、叶执行水分和养料的吸收、运输、合成及转化等营养代谢功能，称为营养器官。

一、根的形态

（一）根的种类

根据根的来源和发生部位的不同，分为主根、侧根、不定根。

1. 主根

在种子萌发时，由种子里的胚根直接延长生长而形成的根，称为主根。

2. 侧根

当主根生长到一定程度时，在主根上长出许多分枝，这些分枝叫侧根。侧根生长也具有一定的方向，往往与主根呈一定的角度。当侧根生长到一定长度时，在侧根上又可长出二级侧根，依次类推。

主根和侧根都来源于胚根，都有一定的发生位置，都称为定根。

3. 不定根

这类根的产生没有固定位置，如竹鞭上长出的根，落地生根和秋海棠的叶长出来的根，以及扦插苗长出来的根等都是不定根。条件好时可以多长，没有条件则可不长。

（二）根系的类型及其在土壤中的分布

1. 根系的类型

一株植物所有根的总和称为根系。植物的根系主要分为直根系和须根系。

（1）直根系　主根和侧根有明显的区别。双子叶植物和裸子植物大都属于此种类型。

（2）须根系　由胚根形成的主根不久便停止生长或死亡，而由胚轴或茎基部的节上长出大量的不定根，粗细相似，呈丛生状态，称须根系。单子叶植物的根系都属于这种类型。

2. 根系在土壤中的类型

不同植物其根系在土壤中分布的深度也不同。根据根系在土壤中分布的深浅不同，分为深根性、浅根性2种。

（1）深根性　主根发达，垂直生长能力强，能伸到较深的土层中。具有深根性根系的树种叫深根性树种。例如马尾松、毛白杨等。

（2）浅根性　主根不发达，侧根或不定根向四面扩张，根系主要分布在土壤表层。具有浅根系的树种叫浅根性树种。如刺槐、悬铃木。

植物根系的生长和发育不仅与遗传特性有关系，也取决于外界环境条件，如土壤条件、栽培管理措施等。

二、茎的形态

茎的主要功能是支持、输导、营养繁殖和贮藏。

（一）芽的类型

植物体上所有枝条和花都是芽发育来的，以芽着生的位置、芽的形态、结构及活动能力的不同，分为以下几种类型：

1. 按着生的位置分为定芽和不定芽

（1）定芽　具有固定的着生位置。着生在枝条顶端的叫顶芽；着生在叶腋里的芽叫腋芽（侧芽）；有的园林植物其芽被叶柄覆盖着，等叶落之后才露出来，这种芽叫柄下芽，如悬铃木、火炬树等。

（2）不定芽　芽的着生没有固定位置。即有条件就长，没有条件就不生长的芽，如泡桐、刺槐、枣树的根出芽；秋海棠、大岩桐的叶生芽；落地生根的茎生芽等。

2. 依芽的性质分为叶芽、花芽和混合芽

（1）叶芽　萌发后形成枝条和叶的芽。

（2）花芽　萌发后形成单花和花序的芽，一般花芽比叶芽肥大。

（3）混合芽　萌发后既形成枝条又形成花和花序的芽，如丁香、梨、苹果和麻叶绣球等。

3. 依芽外面有无鳞片包被分为鳞芽和裸芽

（1）鳞芽　在芽的外面有鳞片包被着，鳞片保护幼芽过冬。

（2）裸芽　芽的外面没有鳞片包呈裸露状态。这种裸芽上通常也具有绒毛，如枫杨等。

4. 依芽的活动能力不同，分为活动芽和休眠芽

（1）活动芽　夏秋形成的芽经冬天休眠，在翌年春天萌发，或春天形成的芽在当年夏秋就萌发的芽。

（2）休眠芽　芽虽已形成但在当年或第一、二年不萌发，又称为隐芽。

（二）枝条与茎

种子萌发时，胚芽伸出地面，就形成了植物的主茎。主茎继续伸长生长，在主茎上就会长出侧枝，侧枝上还会长出二级侧枝、三级侧枝等。如此就形成了植物的地上部分。

1. 枝条

带叶的茎称为枝条。枝条上着生叶子的部位叫作节，相邻两节之间的部分叫节间。叶脱落后在枝条上留下的痕迹叫叶痕。在木本植物的枝条上还生有形状不一的皮孔。芽鳞脱落后在枝条上所留下的痕迹叫芽鳞痕（图1-9）。

（1）枝条的种类

以节间的长短不同分为长枝和短枝2种。节间长的叫长枝，节间短的叫短枝。长枝多为营养枝，短枝上常形成花芽，开花结实，称为结果枝。有些草本植物，如仙客来、水仙、风信子、三色堇、车前草等，它们的节间极短，叶就像从根上长出来一样，叫根生叶或叶丛生。

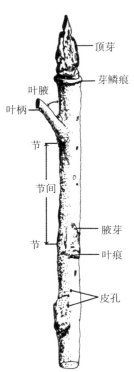

顶芽
芽鳞痕
叶腋
叶柄
节
节间
腋芽
叶痕
皮孔

图1-9　毛白杨的枝条

13

（2）枝条的分枝方式

分枝是植物的基本特征之一。茎的分枝有一定的规律性，常见的有以下几种类型。

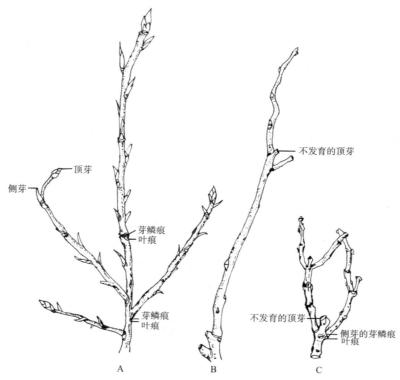

图 1-10 分枝的方式
A—单轴分枝；B—合轴分枝；C—假二叉分枝

单轴分枝（又称总状分枝）：主干上长出侧枝，侧枝上又长出更小的侧枝。顶芽生长旺盛，形成一个发达而又通直的主干，具有明显的顶端生长优势。如松、柏、杨树类、山毛榉、银杏等（图 1-10A）。

合轴分枝：主干上的顶芽生长一段时间后停止生长或形成花芽，由靠近顶芽的侧芽代替主芽向上生长。再经过一段时间，新枝的顶芽又停止生长并被它下面的侧芽所代替，继续向上生长。实际上主干很短，平常看到的主干是真正的主干与每年生长出来的新枝联合而成的，如柳树、榆树、桃树、梅花等（图 1-10B）。

假二叉分枝：是合轴分枝的另一种形式。具有对生叶的植物，其顶芽生长一段时间后死亡或形成花芽，然后由靠近顶芽的两个侧芽代替顶芽形成新枝继续向上生长，呈二叉状分枝。因为不是由顶芽形成的二叉分枝，故称为假二叉分枝，如丁香、石竹、泡桐、梓树等（图 1-10C）。

有些植物在同一植株上既有总状分枝，又有合轴分枝，如玉兰。

2. 茎的种类

（1）依茎的外部形态的不同，可分为圆形、扁平形、三棱形、四方形、多棱形植物的茎以圆形最多；扁平形的，如假叶树、仙人掌等；三棱形的茎有莎草科的旱伞草、夹竹桃一年生幼茎等；呈方形的有迎春、一串红及石榴的一年生枝条等；呈多棱形的如鸡冠花、灰菜等。

茎一般是实心的，但也有中空的，如竹类和连翘等；也有的茎内为片状髓，如枫杨、杜仲、核桃等。

（2）依茎的生长习性的不同，茎可分为直立茎、匍匐茎、攀援茎和缠绕茎

多数植物的茎是直立的，但也有些植物的茎机械组织不发达，因而自身不能独立向上生长。其中，以卷须、吸盘或不定根等攀在他物上向上生长的茎，叫攀援茎，如葡萄、地锦等；以茎的本身螺旋状缠绕在他物上向上生长的茎，叫缠绕茎，如矮牵牛、紫藤、茑萝等；有些植物的茎不能直立生长，又不能缠绕他物，也不能攀援在他物上，而是匍匐在地面上生长，这种茎叫匍匐茎。这种茎一般节上易生不定根，如草莓、蛇莓、爬地柏、垂盆草等。

（3）依茎的木质化程度的不同，分为木本茎、草本茎、草木本茎

木本茎是多年生木本植物具有的茎，茎内木质化程度高，机械组织发达，因而茎坚硬。其中主干和侧枝有明显区别的叫乔木，如油松、桧柏、柳树、毛白杨等；主干和侧枝没有明显区别，而且分枝点极低或多个干的叫灌木，如紫薇、榆叶梅、黄刺玫、贴梗海棠等。

草本茎的木质化程度很低或根本没有木质化，其茎柔软，含水量多。具有草本茎的植物叫草本植物，如一、二年生的花卉类及大多数的禾本科植物等。

除木本植物和草本植物外，还有一些植物其多年生的老茎木质化程度高、较坚硬，当年生的新枝则木质化程度很低，茎较柔软，这种植物叫草木本植物。在花卉中常见，如天竺葵、竹节海棠等。

三、叶的形态

叶生长在茎的节部，它的主要功能是进行光合作用、蒸腾作用和气体交换，有的植物的叶片还可以进行营养繁殖。

（一）叶的组成部分

一片完全的叶由叶片、叶柄和托叶组成（图1-11）。

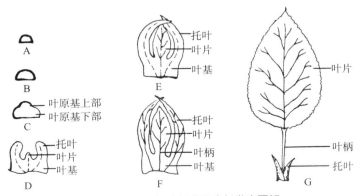

图1-11　叶的组成部分及生长发育图解

单子叶植物的叶分为两部分，即叶鞘与叶片。

在叶子中，若叶片、叶柄和托叶三者都有的，称为完全叶，如桃树、月季、扶桑、梨树及香豌豆等，但有些植物缺少托叶，如香樟树、茶花、泡桐、白蜡等；有些植物缺少叶柄，如金银花、金丝桃等；有的叶柄和托叶都缺，如郁金香、君子兰、万年青等。总之，若缺少其中的一部分或两部分的均称为不完全叶。

（二）叶序

叶在茎上排列的次序称为叶序，常见的叶序有互生、对生、轮生、簇生。

（1）互生　枝条的每个节上只有一片叶，依次交互着生，如桃树、柳树、毛白杨、扶桑等。

（2）对生　枝条的每个节上着生两片叶，一般是成对而生。相邻的两对叶常又交互生长着，如白蜡、桂花、丁香、大叶黄杨等。

（3）轮生　枝条的每个节上着生有 3 个或 3 个以上的叶，而且按照一定次序排列在节上，如夹竹桃、杜松、茜草等。

（4）簇生　多数叶子着生在一个节上密集呈簇状，如银杏、金钱松、雪松等。若簇生叶都着生在主茎上，主茎节间极短，使叶着生在接近地面的茎上，叫叶基生或根出叶，如雏菊、车前草等。

（三）叶片的形态

叶片的形态一般从叶形、叶缘、叶尖、叶基、叶脉、叶质、叶色及叶面附属物等方面进行描述。

1. 叶形

由于叶片生长的不均匀性，而形成了各种各样的形状。常见的有以下几种：

鳞形　叶片很小，鱼鳞状，如扁柏、柽柳、香柏等。

针形　叶片很长，而且尖端如针，如油松、华山松、雪松等。

线形　叶片扁平窄长，长为宽的 5 倍以上，而且上、中、下宽度近似，如落叶松、苏铁、水杉、罗汉松等。

披针形　叶片长为宽的 5 倍左右，最宽处在叶片的中部以下，往上渐狭，如柳树、山桃等。

卵形　叶片长为宽的 1.5 ~ 2 倍，近基部最宽，先端尖而基部圆，如一串红、大叶女贞、槐树等。

倒卵形　叶片的长宽比同卵形，但近顶端最宽，先端圆形，基部楔形，如大叶黄杨。

椭圆形　长宽比同卵形，中部最宽，先端和基部近圆形，如刺槐、茶花。

圆形　长宽近等，中部最宽，先端和基部近圆形，如山杨、山麻杆、黄栌。

三角形　叶片长宽近等，先端最宽近截形，越向基部越狭，形如折扇，如银杏。

2. 叶缘

叶片的边缘称为叶缘；叶缘形状的变化极大，根据叶片边缘有无缺刻以及缺刻的形状、深浅的不同，分为以下类型：

全缘　叶片边缘连成一平线无缺刻，如丁香、紫荆、大叶女贞。

波状　叶片边缘如水波上下起伏，如香樟、白栎、郁金香。

圆齿　齿端钝圆，如大叶黄杨。

锯齿　齿端尖，稍向上，齿的两边不等长，外侧长，内侧短。若大锯齿的外侧上又有小锯齿，称为重锯齿，如紫叶李、榆叶梅。

牙齿　锯齿两边等长的称为牙齿，如苎麻。

缺刻　和锯齿不同，缺刻基部为圆形，如构树、龟背竹等。

裂片　掌状裂叶，如悬铃木、五角枫；羽状裂叶，如山楂、麻栎。据裂片的深浅分为浅裂、深裂、全裂 3 种。

3. 叶尖

叶片的先端称为叶尖，其形态差异极大，常见的有以下几种类型：

尖形　先端呈锐角。

截形　叶片先端似横切线一样平直，如鹅掌楸（马褂木）。

微凹　叶片先端近圆形，中央具有小而浅的凹缺，如小叶黄杨。

二裂　叶片先端一分为二，如银杏、羊蹄甲。

4. 叶基

叶片的基部称为叶基。叶基的形状很多。常见的有以下类型：

心形　叶基两侧近圆形，中央内凹，如紫荆。

楔形　叶基边与中脉成锐角，如小叶黄杨。

圆形　叶基两侧连成一个半圆，如山梨。

耳形　叶基两侧下延似耳垂状，如槲树。

截形　叶基两侧平截似一切线，如加拿大杨、平条槭。

偏斜　叶基两侧不对称，如榆树、朴树、银星秋海棠等。

箭形　叶基似箭头状，如马蹄莲、慈菇。

穿茎　茎从叶的基部穿过。

盾形　叶片近圆形，叶柄着生叶背面的中央，很像一种古兵器——盾片，如旱金莲、荷花。

5. 叶脉

叶部的输导组织在叶片表面形成的网络，称为叶脉，起支持和输导作用。根据叶脉的分布方式，可分为网状脉和平行脉 2 种类型（图 1-12）。

网状脉　双子叶植物的特征之一。叶片上有一条或数条主脉，由主脉分出较细的侧脉，由侧脉分出更细的小脉，各小脉交错连结呈网状，叫网状脉（图 1-12）。

平行脉　单子叶植物的特征之一。叶片上有一条主脉，主脉两侧有许多侧脉，相互平行或近于平行。极少数单子叶植物具有网状脉，如芋、薯蓣等。

裸子植物中的银杏，叶脉呈二叉分枝，在一片叶子上可以有好几次分枝。这种类型的叶脉也常见于蕨类植物。

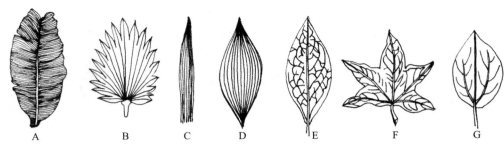

图 1-12　叶脉的类型
平行脉：A—侧出平行脉；B—射出平行脉；C—直出平行脉；D—弧状脉
网状脉：E—羽状网脉；F—掌状网脉；G—三出脉

6. 叶质

革质　叶肉较厚，表皮细胞外壁角质化并有较厚的角质层，叶肉细胞含水量少，叶片坚韧而光亮，如茶花、橡皮树、小叶黄杨、构骨等。

草质　叶片薄而柔软，一般的草本植物多为草质，如一串红、鸡冠花、金鱼草等。

纸质　叶片较薄而柔软，但比革质叶含水量少，一般木本植物的叶片多为纸质，如榆树、毛白杨、柳树、白蜡等。

肉质　叶片肉质肥厚，叶肉细胞内含水量多，如景天、燕子掌、垂盆草等。

7. 叶色

叶片的颜色通常为绿色，但有深浅之分。有些植物的叶片不为绿色，而呈红色、紫红色、黄色等。如红叶桃、红枫的叶为红色，紫叶李、红叶小檗的叶为深红色，菟丝子的叶为黄色。还有些植物的叶片，一片叶子上有几种颜色，如洒金柏、高山积雪、金边红桑、花叶甘蓝等。

8. 叶面附属物

毛　有柔毛、刚毛、星状毛等。

腺鳞　为较薄近圆形的小体，如胡颓子叶背面的白色物。

白粉　附在叶背面的白色粉状颗粒。

腺体　包括痣状、盾状或肉质小体，如臭椿、楸树上的腺点。

油腺点　如紫穗槐、花椒、柑橘类叶部的腺点。

（四）叶柄和托叶

1. 叶柄

叶柄是叶片与茎连接的部分。一般呈圆形或半圆形，但也有扁平的。有的叶无柄，叶片直接着生在枝条上。也有的植物叶柄基部包茎。有的植物叶柄呈鞘状包茎，如禾本科植物。

2. 托叶

着生在叶柄基部两侧，有些植物没有托叶。有的托叶一直和叶片共存，如月季、香豌豆等。有的托叶在放叶后就脱落，称为托叶早落。不同的植物其托叶的形状和大小差别很大。

（五）叶的类型

叶分为单叶和复叶两大类。

1. 单叶

一个叶柄上只有一个叶片的称为单叶，如毛白杨、柳树、榆叶梅、扶桑等。

2. 复叶

一个叶柄上着生有两个以上叶片的称为复叶。复叶的总叶柄叫叶轴，其上着生的叶子叫小叶，每个小叶上的柄叫作小叶柄，根据总叶柄是否具有分枝，每个叶轴上小叶的数目及在叶轴上排列的方式不同，复叶又分为以下类型（图1-13）：

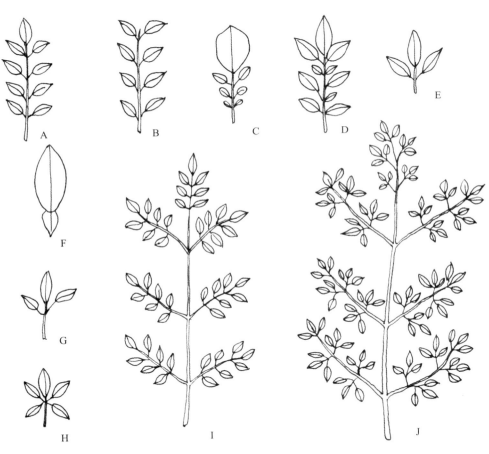

图1-13　复叶的主要类型

A—奇数羽状复叶；B—偶数羽状复叶；C—头羽状复叶；D—参差羽状复叶；
E—三出羽状复叶；F—单身复叶；G—三出羽状复叶；H、I—二回羽状复叶；J—三回羽状复叶

三出复叶　一个叶柄上着生有3个小叶，如三叶草、枸橘、浆草。

羽状复叶　小叶在叶轴上呈羽毛状排列，若小叶为单数，叫奇数羽状复叶。若小叶为双数，称为偶数羽状复叶。若叶轴具有一次分枝，称为二回复叶，如合欢、牡丹、云实等。若叶轴具有二次分枝，称为三回复叶，如楝树、南天竹等。

掌状复叶　小叶都着生在叶轴的顶端呈放射状伸出，形如手掌，如七叶树、九里香等。

单身复叶　从外形看很像单叶，但中脉上有一明显的关节，在关节下方的叶轴上又形成一个小叶片。实际上它是一个奇数羽状复叶的变态，两侧的小叶退化后形成的，是芸香科一些植物叶的特点。

（六）异形叶性

在同一植株上着生有不同形状的叶子，这种现象叫异形叶性，如桧柏上既有鳞形叶又有针形叶。常见的异形叶性植物有慈菇、一品红、构树、桑树、柏树等。

（七）叶的构造与生态条件的关系

叶的形态构造与它的生理机能和所处的外界环境条件相适应。叶在构造上的变异性和可塑性很大。长期生活在干旱缺水条件下的植物，具有较强的抗旱能力，叶片产生许多适应旱生条件的结构，如叶面积缩小，叶片小而厚，角质层发达，表皮上常有蜡被及各种表皮毛等，裸子植物的针叶、鳞叶以及毛竹叶都属这种类型；又如叶片肥厚，有发达的贮水组织，细胞液浓度大，保水能力强，例如龙舌兰、马齿苋、猪毛菜及很多肉质植物。

叶对生态条件的反应最明显，可塑性最大。即使同一种植物，生长在不同的环境条件下，也会出现不同程度的变化。

（八）落叶

植物的叶子都有一定的寿命。一般一年生植物，其叶子随植物体的死亡而死亡；多年生的落叶植物，叶子的寿命只有一个生长季；常绿树的叶子寿命为 1 年以上至多年，如松、柏、大叶女贞、茶花、棕榈等。

落叶是多年生植物维持体内水分平衡，保证植物正常生命活动，以及对外界不良环境条件的一种适应性。因此，植物的落叶对植物本身有着重要的意义。

第四节　植物的生殖器官

园林植物绝大多数属于高等植物，尤以种子植物居多。种子植物从种子萌发，长出幼苗，经过不断的营养生长，到一定阶段转入生殖生长，也就是进入发育阶段。花、果实和种子是植物进行有性生殖的器官，叫作生殖器官或繁殖器官。

繁殖是一切植物都具有的共同特性。因为任何植物都有一定的寿命，植物借助繁殖使它们的种族得以延续和发展。

一、花的形态和花序的类型

在植物界中，只有被子植物才有构造完善的花。包被在雌蕊的子房里的胚珠，经过传粉、受精，发育为种子，子房壁发育成果实，种子包被在果实里。被子植物因此而得名。

1. 花芽的分化

花由花芽发育而来。当植物由营养生长转入生殖生长时，有些芽的分化随着发生质变，由叶芽逐渐转化为花芽。这个转化过程叫花芽分化。

花芽的形态随种类不同而不同，但一般花芽比叶芽肥大。有些植物的一个花芽只分化成一朵花，如茶花、扶桑、牡丹、芍药等；有些植物的一个花芽可以分化多朵花，即一个花序，如一串红、水仙、唐菖蒲、国槐、珍珠梅等。

2. 花的组成部分

花是植物适应于生殖的变态枝条，节间极度缩短，叶变态成花的各部分以适应生殖功能。花由花托、花萼、花冠、雄蕊、雌蕊五部分构成。一朵花中，花萼、花冠、雄蕊、雌蕊这四部分都具备的称为完全花，缺少某些部分的称为不完全花（图1-14）。

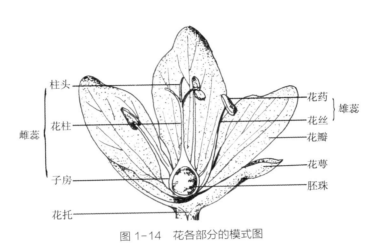

图1-14　花各部分的模式图

（1）花托　花梗顶端膨大的部分，花萼、花冠、雄蕊和雌蕊都着生在花托上。花托的形状有各种变化。

（2）花萼　着生在花托的最外一轮，由3～5个叶片状的萼片组成。有些植物在花萼的外面，还有几片副萼，如木槿、蜀葵等。花萼的颜色通常是绿色的，但也有白色，如白玉兰、绣球；鲜红色的如石榴等。

花萼的形态结构种类很多，主要有以下几种：

离萼　萼片之间全部彼此分离，如毛茛、牡丹、白玉兰、桃花等。

合萼　萼片彼此之间全部或部分联合在一起，如扶桑、一串红、百合等。

整齐萼　一朵花中的几个萼片形状大小相似，如月季、海棠等。

不整齐萼　一朵花中的几个萼片形状大小不同，如薄荷等。

早落萼　开花时或开花后花萼就脱落，如山桃、梅、杏等。

宿存萼　开花后萼片不落一直保存到果实成熟，如柿树、石榴等。

（3）花冠　由数个花瓣组成，颜色一般很鲜艳。有些植物的花冠中含有分泌组织，能分泌挥发性油使花朵有香味。花冠具有保护雄蕊和雌蕊的作用。

花冠的形态结构种类很多，一般常见的有以下类型：

①以花瓣是否联合划分。

离瓣花冠：花瓣间彼此分离，如月季、扶桑、玉兰等。

合瓣花冠：花瓣间全部或部分联合，如一串红、牵牛花、泡桐等。

②以花冠的形状不同划分。

整齐花冠，又称辐射对称花冠，是指一朵花的几个花瓣的形状大小相似。常见的有以下几类：

管状花冠：形成花冠的各花瓣彼此联合成管状，如菊花花序中央的花。

漏斗状花冠：花冠下部联合成管状，向上渐渐扩大成漏斗状，如牵牛花、茑萝、田旋花等。

钟状花冠：花冠短而宽，上部扩大成钟形，如桔梗。

石竹花冠：花冠五瓣裂，花瓣上部平展，下部成爪状伸向萼筒，如石竹。

蔷薇花冠：花冠有 5 个花瓣，如碧桃、梅花、月季等。

十字花冠：花冠由 4 个花瓣组成十字形，如桂花、二月兰等。

不整齐花冠又称两侧对称花冠。是指组成 1 个花冠的几个花瓣，其大小和形状不相同，一般两侧对称。常见的有以下种类：

蝶形花冠：由 5 个花瓣组成，分为旗瓣、翼瓣、龙骨瓣，全貌近似飞行的蝴蝶，如紫藤、刺槐、槐树等。

唇形花冠：由 5 个花瓣组成，上面由 2 个花瓣联合形成上唇，下面由 3 个花瓣联合形成下唇，如一串红、金鱼草、泡桐等。

舌状花冠：花冠基部是一个短臂，上部向一边张开，很像一个扁平的舌头，如菊花花序边缘上的花。

有矩花冠：花冠基部特别伸长形成一个细长的管子状，如飞燕草、紫花地丁、耧斗菜。

花冠和花萼合成花被。若一朵花中花萼和花冠都有的称为重被花，如桃、月季、牡丹、扶桑；若一朵花中仅有花萼或仅有花冠，称为单被花，如白玉兰、百合、黄花菜等；若一朵花中花萼和花冠都没有的称为无被花，如杨树、柳树、杜仲等。

（4）雄蕊　雄蕊由花丝和花药两部分组成。花丝细长，主要是支持花药，并给花药输送水分和养料。花药着生在花丝顶端，呈囊状，囊内装有花粉。当花粉成熟后，花药开裂，花粉散出。在一朵花中，雄蕊的数目随不同植物而异。

（5）雌蕊　由子房、花柱、柱头三部分组成。雌蕊一般呈瓶状，顶端部分为柱头，是承受花粉的地方。常呈球状、盘状或羽毛状，便于接受花粉。花柱位于柱头和子房之间，使柱头伸出以便接受花粉。子房是雌蕊基部膨大的部分，也是雌蕊中最重要的部分。子房是一个囊状物，其内产生胚珠，经传粉受精后发育成种子。

在一朵花中，雄蕊和雌蕊都具有的，称为两性花；若只有雌蕊或雄蕊的，称为单性花。其中具有雌蕊的叫雌花，只具有雄蕊的叫雄花。雌花和雄花在同一植株上的，称雌雄同株，如板栗、核桃等；若雌花和雄花不着生在同一植株上的，称雌雄异株，如杨树、柳树、杜仲等；但还有些植物在同一植株上既有单性花，又有两性花的称为杂性同株，如朴树、梧桐等。

3.花序的类型

一个花梗上只着生一朵花，称为单性花。在一个花梗上着生有多数花，且按照一定的顺序排列在花梗上，这个总花梗叫花序梗。花在花轴上排列的次序，称为花序。花序可分为无限花序和有限花序两大类。

（1）无限花序

无限花序是花轴基部的花先开，然后向顶端依次开放（图1-15）。

①总状花序 具有较长的花序轴，小花有梗并近似等长，着生在长的花序轴上，如云实、刺槐、百合、紫藤等。花序轴具有分枝，小花着生在分枝上再形成总状花序，称为复总状花序，如丁香、葡萄、若女贞等。

②穗状花序 花在花轴上的排列与总状花序相同，但花无梗，直接着生在花序轴上，如紫穗槐、车前草等。

③荑荑花序 和穗状花序相似，花梗柔软下垂，如柳树、杨树等。

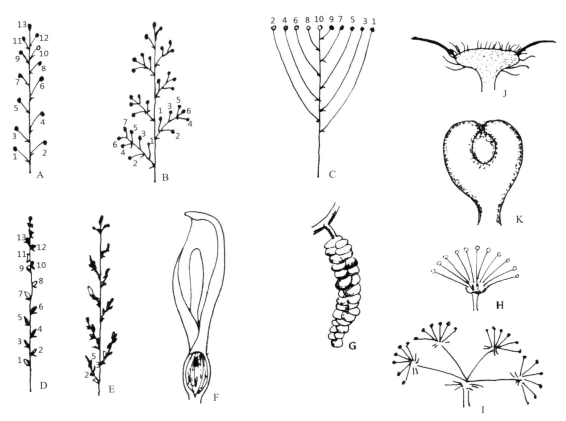

图1-15 无限花序的模式图

A—总状花序；B—复总状花序；C—伞房花序；D—穗状花序；E—复穗状花序；F—肉穗状花序；

G—荑荑花序；H—伞形花序；I—复伞形花序；J—头状花序；K—隐头花序

（图中1、2、3……表示开花顺序）

④肉穗花序　也和穗状花序相似，但花序轴肥厚肉质，如慈菇、马蹄莲、天南星等。如果在肉穗花序的外面有一个大苞片，特称为佛焰肉穗花序，如天南星、马蹄莲等。

⑤伞形花序　小花都集生在花轴的顶端，花梗近等长，如海棠、石蒜、君子兰。

⑥伞房花序　和总状花序排列方式相同，但小花梗不等长，下边最长，逐渐向上渐短，使所有的花都排列在一个平面上，如山楂、苹果等。

⑦头状花序　花序轴端膨大呈圆球形，其上着生很多花，如悬铃木、枫香、千日红。

⑧篮状花序　花轴顶端膨大成盘状，花无梗直接着生在花盘上，如金盏菊、菊花等。

⑨隐头花序　花轴顶端膨大，中央向内凹陷成肉质中空的囊状体，花密生在囊状体的内壁上，如无花果等。

（2）有限花序（聚伞花序）

有限花序是顶端花先开放，花开的次序由上而下或由内而外，花开后花序就停止伸长生长。以合轴分枝方式进行分枝（图1-16）。

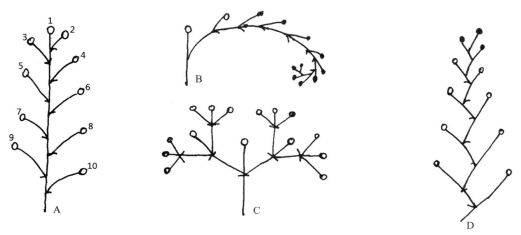

图1-16　有限花序的模式图

A—单歧聚伞花序；B—螺状聚伞花序；C—二歧聚伞花序；D—蝎尾聚伞花序

①单歧聚伞花序　花轴顶的花先开放，在花的下面向一侧分枝，使花序卷成镰刀形，称为卷伞花序。如果向两个方向互换分枝，使花序直立像蝎尾状，叫蝎尾状单歧聚伞花序，如鸢尾。

②二歧聚伞花序　花轴顶端只生一朵花，并最先开放，但在花的下面两侧各生出一个分枝，并分枝多次，如石竹、大叶黄杨、丝棉木等。

③多歧聚伞花序　花的分枝方式与二歧聚伞花序相似，但一次就有多个分枝，如大戟、垂盆草等。

花的各部分发育成熟后，花萼和花冠展开，称为开花。如果先长枝叶然后再开花，为先叶后花，如槐树、木槿、珍珠梅、紫薇等；如果先开花后长枝叶，称为先花后叶，如榆叶梅、白玉兰、碧桃等；如果花叶一齐长出，称为花叶齐放，如苹果、梨等。

二、果实的形态

胚珠受精后，花冠凋萎，花萼脱落或宿存，雄蕊凋萎，雌蕊的柱头和花柱也凋萎，子房逐渐膨大发育为果实，子房内的胚珠逐渐发育成种子，花梗发育成果柄。有些植物的花托、花被也发育成为果实的一部分，如草莓、凤梨、苹果、海棠等（图 1-17）。

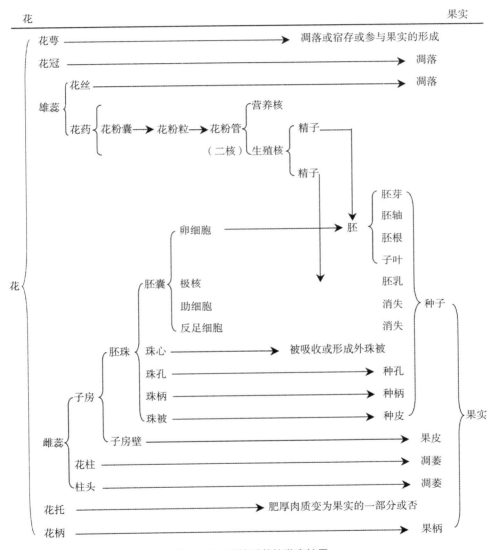

图 1-17　受精后花的发育结果

1. 果实的构造和类型

当花传粉受精后，胚珠发育成种子，整个子房也迅速生长发育成为果实。果实全部由子房发育形成的，叫作真果，如桃、核桃、紫藤等。果实由子房和子房外的花托、花萼或整个花序共同形成果实，叫作假果，如苹果、菠萝、草莓、桑葚等（图 1-18）。

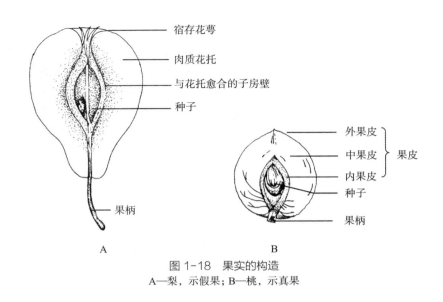

图 1-18　果实的构造
A—梨，示假果；B—桃，示真果

真果的结构比较简单，果皮是由子房壁发育成的，果皮一般分为外果皮、中果皮、内果皮。中果皮常有维管束分布其间。果皮内含有种子。

假果的结构比较复杂，果皮是由子房壁和花的其他部分共同形成的，如苹果、梨可食部分主要是花托形成的，由子房形成的部分很小。

2. 果实的类型

果实一般分为单果、聚合果、聚花果（复果）。

（1）单果　一朵花形成一个果实称单果，单果又分为干果和肉质果。

①干果　果实成熟后果皮干燥。根据果皮是否开裂，又分为裂果和闭果两类。

裂果： 果实成熟后果皮开裂。常见的有以下几种：

荚果，由一个心皮形成的果实，一室，果实成熟后沿背部缝线和腹缝线开裂，如豌豆、大豆等，但也有不开裂的，如皂荚、刺槐。

角果，由两个心皮合生而成，其中间形成一假隔膜，它沿腹线开裂，种子着生在假隔膜上，如桂竹香、紫罗兰、二月兰等。

蒴果，由多心皮形成的果实，一至多室，果实成熟时以各种不同的方式开裂，如百合、牵牛、丁香、紫薇、泡桐、石竹等。

蓇葖果，由一个心皮形成，果实成熟时沿一条缝线开裂，如飞燕草、牡丹、芍药。

闭果： 果实成熟后果皮不开裂。常见的有以下几种：

瘦果，是由一至多个心皮形成的果实，内含一粒种子，果皮与种皮分离。如向日葵、蒲公英等。

颖果，由 2 ~ 3 个心皮形成的，果皮与种皮结合在一起不易分开。如竹子、菩提树及禾草类等。

翅果，果皮延伸成翅。如榆、槭、臭椿、白蜡、枫杨等。

坚果，果皮坚硬。如板栗、麻栎等。

②肉质果　果实肉质多浆，大多数可供食用，包括以下几种：

浆果：外果皮薄，中果皮和内果皮肉质多浆。如葡萄、柿子、香蕉、枸杞等。

核果：外果皮薄，中果皮肉质，内果皮坚硬。如桃、杏、梅、樱桃、李子等。

橘果：外果皮革质，并且有挥发性油囊，中果皮较疏松，内果皮向内卷成囊状，易于分离，其内果皮上的表皮毛肉质多浆，是食用的主要部分。芸香科植物多是橘果，如柑、橘子、柠檬、柚子等。

（2）聚合果

一朵花中有许多雌蕊，每个雌蕊形成一个果实，这些果实共同生长在一个花托上。如莲、草莓、牡丹、悬钩子、白玉兰等。

（3）聚花果（复果）

由整个花序形成一个果实，如菠萝、无花果、桑葚等。

3. 单性结实与无籽果实

有些植物，特别是有些栽培植物，子房不经过受精作用而膨大形成果实，但果实内没有种子，这种子房不经过受精作用而形成果实的现象，称为单性结实。因单性结实的果实内没有种子，故又叫无籽果实，如香蕉、菠萝、葡萄、柿子、柑橘等都有单性结实的现象。

无籽果实的获得在果树和蔬菜生产上经济价值很高，它不仅产量高，质量也好。有的无籽果实不是单性结实得到的，而是人工培育的三倍体，如无籽西瓜就是三倍体，不结实。

第二章 土壤肥料

第一节 土壤物质组成

土壤是由固相、液相和气相三相物质组成的疏松多孔体系。固相包括矿物质、有机质和活的生物体，液相和气相存在于固体颗粒间的孔隙中。其基本物质组成如下：

$$
\text{土壤组成}\begin{cases}\text{固相}\begin{cases}\text{矿物质：由岩石、矿物风化而成}\\\text{有机质：由生物残体及其腐解而来，施有机肥也带入}\\\text{生物体：主要是微生物、土壤动物}\end{cases}\\\text{液相：土壤水分，由降水、地下水和灌溉水组成}\\\text{气相：土壤空气，由大气扩散、根系呼吸、生物代谢而来}\end{cases}
$$

一般来说，土壤矿物质约占固相部分重量的 95% 以上，有机质只占 5% 以下，生物量很小，但作用很重要，固相物质之间的孔隙充满着水和空气。土壤水分和空气一般是互为消长的关系，水多气少，水少气多，水与气的比例变化主要受水分变化的制约。

土壤中固、液、气三相物质的容积比例，因土壤的性质和环境条件而异。疏松肥沃的表土是：固体和孔隙各占一半，在孔隙中，水分与空气各占一半左右。

一、土壤矿物质

土壤矿物质是指土壤中所有无机物质的总和。土壤矿物质是土壤的主要组成部分，构成土壤的骨架，为植物生长提供机械支撑。矿物质也是土壤养分最初和最主要的来源之一。土壤矿物质按来源可分为原生矿物和次生矿物两类。

原生矿物是指那些在岩浆岩中原来就有，且在风化过程中化学结构和成分没有改变的矿物。原生矿物主要存在于粒径较大的土壤砂粒和粉砂粒中。土壤中的原生矿物主要是石英和原生铝硅酸盐类。原生铝硅酸盐矿物有长石、云母、辉石、角闪石等。不同的矿物抗风化能力不同，一般抗风化能力从高到低的顺序是：石英＞白云母＞长石＞黑云母＞角闪石＞辉石。容易风化的矿物，释放矿质养分较多；而不易风化的矿物，释放矿质养分较少。所以，原生矿物的风化不但构成土壤颗粒的组成部分，而且是土壤最初的矿质养分来源。岩石矿物质种类影响到土壤质地、土壤酸碱性、土壤养分含量等性状。

次生矿物是指原生矿物在风化过程中重新形成的一类矿物。次生矿物主要包括层状铝硅酸盐和铁、铝、硅含水氧化物，它们是土壤黏粒的主要组成部分，因而习惯上称为次生黏土矿物，简称为黏粒矿物或黏土矿物。次生矿物还包括简单的盐类，如碳酸盐、硫酸盐、氯化物等。黏土矿物抗风化能力强，颗粒细小，具有胶体性质，对土壤物理、化学性质有着重要的影响。

二、土壤有机质

土壤有机质是土壤肥力的重要物质基础，它在土壤中的含量虽少，但作用却很大，它不仅含有各种营养元素，而且对土壤微生物的生命活动、对土壤水、气、热等肥力因素的调节、对土壤结构和耕性的改善都有着重要的影响。因此，土壤有机质是土壤肥力的中心，是评价土壤质量的重要指标（表2-1）。

绿地土壤耕层有机质含量与肥力水平　　　　　　　　　　　　　　　表2-1

肥力水平	瘦	一般	中等	好	最好
有机质含量 /%	<0.5	0.5~1.0	1.0~1.2	1.2~1.5	>1.5

引自夏冬明主编《土壤肥料学》

土壤有机质是指土壤中来源于生命的物质。动植物残体及其分泌物、排泄物和微生物残体、施入的有机肥料都是土壤有机质的基本来源。

有机物质进入土壤后，在微生物的作用下发生了一系列的分解、合成等转化过程。从有机化合物的种类来看，主要是纤维素、半纤维素、木质素、蛋白质、脂肪、树脂和蜡质等。由于土壤有机质的转化过程相当复杂，所以组成土壤有机质的化合物是非常复杂的，归纳起来可以分为非腐殖质和腐殖质两大类。大致有以下几种：新鲜的有机质、已经发生变化的半分解有机残余物及腐殖质。非腐殖质包括新鲜的有机质和半分解的有机质，新鲜的有机质主要是土壤中未分解的动、植物残体，半分解的有机质指有机质已经被微生物分解，多呈分散的暗黑色小块。腐殖质指有机残体在土壤腐殖质化的过程中形成的一类褐色或暗褐色的高分子有机物。腐殖质与矿物质土粒紧密结合，不能用机械方法分离。它是土壤有机质中最主要的一种形态，占有机质总量的85%~90%，对土壤物理、化学、生物学性质都有良好作用。通常把土壤腐殖质含量高低作为衡量土壤肥力水平的主要标志之一。

三、土壤生物

土壤生物是栖居在土壤中的各种生物体的总称，是土壤中有生命活力的部分，对土壤的形成和发育、土壤肥力、土壤中物质的转化、植物生长等有着重要的影响。土壤中生物种类繁多，数量巨大，主要包括土壤动物、土壤微生物和高等植物的根系。一般来说，土壤中生物量越大，土壤越肥沃；从土层分布来说，则表土中的生物量要大于底土。土壤生物的类群、数量一般常随它们相适应的植物而发生变化，土壤的湿度、温度、通气状况和酸度等环境因子对它们的分布也具有明显影响。

土壤动物是指在土壤中度过全部或部分生活史的动物，土壤动物种类多、数量大，常见的有昆虫、蚁类、蜘蛛类、蜈蚣类、蚯蚓类、线虫等。通过土壤动物消化代谢、打洞挖槽等的生命活动能疏松土壤，有助于土壤的通气和透水排水，有利于使土壤有机质和矿物质充分混合，可以机械地粉碎有机残体，便于微生物的分解，其中对土壤翻动起作用最大的是蚯蚓，蚯蚓数量也是土壤肥力水平的评价指标之一。另外，动物的排泄物又是土壤有机质的来源之一。

土壤微生物是指土壤中肉眼无法辨认的微小生物，通过它们的代谢活动转化土壤中各种物质的状态，改变土壤的理化性质，是构成土壤肥力的重要因素，微生物是土壤中生命活动最旺盛的部分，是土壤具有生物活性的主要物质。土壤微生物种类多、数量大、繁殖快，主要有细菌、真菌、放线菌、藻类和原生动物等五个类群。一般 1g 土壤中的微生物有几亿到几十亿个，土壤越肥沃，微生物的数量也越多。土壤微生物对于土壤有机质的转化、植物营养的供给和土壤肥力的提高都有重要影响。

高等植物的根系生长有利于富集土壤养分、疏松土壤及土壤团粒结构的形成。由于根系在生长过程中，不断向外界分泌有机和无机物质，为微生物提供了充足的养分，使根系周围形成了一种特殊的生活环境，一般将根表 2mm 附近区域土壤称为"根际"。土壤微生物大量集中在根际，直接影响着植物的营养和生长。

土壤微生物在土壤有机质的转化过程中发挥着积极作用。第一，土壤有机质的转化离不开土壤微生物：一方面，大分子的有机物质通过微生物的分解，变成植物可直接吸收利用的小分子有机物和无机养分；另一方面，有机物经过微生物的分解和合成作用，合成腐殖质。第二，微生物转化有机质过程中所释放出的热量，有利于土温的升高。第三，土壤微生物生命活动过程中的某些代谢产物，如生长素、抗生素、氨基酸等，能被植物吸收利用，促进或刺激植物生长，有些微生物分泌的抗菌素可以抑制某些病原菌的活动。第四，土壤中的酶，如淀粉酶、纤维素酶、蛋白酶等，积极参与土壤中的许多重要的生物化学反应，直接影响土壤中各种物质的转化，而土壤酶主要由土壤微生物产生。第五，土壤微生物对某些有害物质的分解可增强土壤的自净能力。

第二节　土壤质地分类及其特征

自然界的土壤都是由不同粒级的土粒组成的，任何一种土壤都不可能只有单一的粒级。土壤中各粒级土粒的配合比例，或各粒级土粒在土壤重量中所占的百分率的组合称为土壤质地（或称土壤的机械组成）。土壤质地是土壤的重要物理性质之一，对土壤的水分、养分、空气、热量、耕性和生产性能有重要的影响。相同质地的土壤，其矿物土粒组成相近，表现出的各种性质也相似。

一、土壤粒级

岩石矿物通过风化作用形成各种大小不等的矿物质土粒，大小不同的土粒表现出来的理化性质差异很大。将土粒按粒径的大小和性质的不同划分成若干等级，称为土壤粒级。同一粒级范围内的土粒，其成分和性质基本一致，而不同粒级之间则有明显的差异。一般土壤粒级划分为石砾、砂粒、粉砂粒（粉粒）和黏粒 4 个基本粒级。具体分级标准，在不同分类方案中稍有差异，目前多采用国际制和俄罗斯的卡庆斯基制两种粒级分类标准（表 2-2）。

土粒分级标准 表 2-2

国际制		俄罗斯卡庆斯基制		
粒级名称	粒径 /mm	粒级名称		粒径 /mm
石砾	>2	石块		>3
		石砾		3~1
砂粒 粗砂粒	2~0.2	物理性砂粒 （>0.01mm）	砂粒 粗砂粒	1~0.5
			中砂粒	0.5~0.25
砂粒 细砂粒	0.2~0.02		细砂粒	0.25~0.05
粉砂粒	0.02~0.002		粉粒 粗粉粒	0.05~0.01
			中粉粒	0.01~0.005
		物理性黏粒 （<0.01mm）	细粉粒	0.005~0.001
黏粒	<0.002		黏粒 粗黏粒	0.001~0.0005
			细黏粒	0.0005~0.0001
			胶粒	<0.0001

（引自夏冬明《土壤肥料学》2007年）

在我国，生产上使用较多的是俄罗斯的卡庆斯基制。它的特点是把粗砂粒以下的粒级简化为两个粒级，即粒径＞0.01mm 的土粒称为物理性砂粒；粒径＜0.01mm 土粒称为物理性黏粒。这样就大大简化了粒级分类和质地分类。在此基础上，中国科学院南京土壤研究所等单位根据中国的土壤情况，拟定了我国的土粒分级标准，进一步将砂粒和黏粒简化为两个粒级。

二、各粒级土粒的主要特性

1. 砂粒

砂粒的主要来源是原生矿物，主要矿物是石英。粒间孔隙大，通气透水性强，毛管性能微弱，保水保肥性差，养分含量低。无黏结性、黏着性和可塑性，多呈散碎状态，无湿胀干缩现象。温度变幅大，易急剧升温和降温。

2. 黏粒

黏粒中以层状铝硅酸盐和氧化物等次生黏土矿物为主。粒间孔隙细小，通气透水性差，毛管性能很强，保水保肥性强，养分含量高。比表面（指单位质量物体的总表面积）大，黏结性、黏着性和可塑性强，多黏结成片，湿胀干缩明显。温度变幅小，不易升温和降温。

3. 粉粒

大部分为原生矿物。颗粒大小介于砂粒和黏粒之间。粒间孔隙较细小，通气透水性不强，毛管性能明显，保水保肥性较强，养分含量较多。有微弱的黏结性、黏着性和可塑性，雨后或灌溉后易于板结，湿胀干缩性微弱。

三、土壤质地分类

根据土壤中各粒级土粒含量的不同对土壤质地类型进行划分称为土壤质地分类。一般将土壤质地分为砂土、壤土和黏土三大类。定量分类标准需要在实验室内用专门仪器测定（比重计法或激光粒度仪法），结果准确。但是生产中有经验的从业者经常采用以下定性标准，根据湿润时的手感进行土壤质地的判断，简便实用。

砂土：粗糙感，无黏性，不能形成细条；

砂壤土：开始能揉成不完整"香肠状"的粗短条；

轻壤土：能够揉成较细的长条，但长条放在地上却捡不起来，易断；

中壤土：搓成的细长条能捡起来，但若弯成环就断裂；

重壤土：可弯成环，但环上有裂缝；

黏土：手感细滑，黏性强，能弯成完整的没有裂缝的环。

四、土壤质地与土壤肥力的关系

土壤质地是决定土壤通气透水、保水保肥、供肥、保温导热和耕性等的重要因素，因此，不同质地的土壤生产性状有很大差异。

1. 砂土类

砂粒含量多，粒间孔隙大，毛管作用弱。

肥力特征：通气透水性强，保水保肥性差，水肥易流失，易旱，养分含量低，有机质分解快，不利于腐殖质的积累，昼夜温差大，因早春土温上升快，称为"热性土"。

生产性状：土质松散，耕作省力，宜耕期长，耕作质量好。植物出苗早、齐、全，但由于养分含量低，植物生长中后期养分供应不足，易早衰，称为"发小苗不发老苗"。管理上要注意施用有机肥，一次施用的化肥量不宜过多，否则易造成养分流失，也易产生"烧苗"现象，应采取"少量多次"的施肥原则并勤灌水。在生产上应选择耐干旱瘠薄的树木，如松、槐、杨等。

2. 黏土类

黏粒含量多，粒间孔隙小，多毛管孔隙和非活性孔隙。

肥力特征：黏土的肥力特征与砂土正好相反。表现为通气透水性差，保水保肥性强，易受涝害，养分含量高，有机质分解慢，有利于腐殖质的积累，土温变化缓慢，昼夜温差小，因早春土温不易升高，称为"冷性土"。

生产性状：土质黏重紧实，湿时泥泞，干时坚硬，耕作阻力大，宜耕期短，耕作质量差。早春土温偏低，植物播种后易缺苗、出苗晚、苗势弱，但到后期由于土温升高，养分释放快，后劲足，称为"发老苗不发小苗"。由于通气性差，还原性有毒物质产生的机会多，如硫化氢、甲烷、有机酸等。管理上应注意增加土壤的通气性，有利于养分的转化释放。另外，黏土在生产中不利于树苗和花苗的生产，除了生产性能不好外，还极易在起苗时造成断根现象，严重影响苗木质量。

3. 壤土类

砂粒、粉粒、黏粒含量比例合适，大小孔隙的配合适当。

肥力特征和生产性状介于砂土和黏土之间，兼有砂土和黏土的优点，却没有二者的缺点，是一种比较理想的质地类型。表现为通气透水性较好，保水保肥性较好，养分含量丰富，有机质分解积累适中，土性温暖，有"暖性土"之称。土质疏松，耕性良好，在生产上"既发小苗，又发老苗"，适合大多数植物的生长。

选择苗圃地时，应注意土壤质地这个重要因素，一般以土层深厚的砂质壤土或轻壤土较为适宜。

4. 土壤质地的改良

各种植物因其生物学特性上的差异，所需要的最适宜的土壤条件是不同的，在土壤的利用上，首先应考虑"因土种植"，这是合理利用土壤，充分发挥土壤肥力的重要措施。对于过砂或过黏不适合植物生长的土壤，也可进行质地的改良。通常采用增施有机肥、客土法、翻淤压砂、翻砂压淤等方法。

增施有机肥，提高土壤有机质的含量，既可改良砂土又可改良黏土。因为有机质的黏性在砂粒和黏粒之间，可降低黏土的黏性，使土体疏松，增加砂土的团聚性，有利于土壤结构的形成，达到协调土壤水、肥、气、热状况，改善土壤理化性质的目的；客土法是指黏土掺砂或砂土掺黏，以达到改善土壤中的砂、黏配比，改良土壤的目的。这种方法效果较好，但成本大。掺黏掺砂的方法有遍掺、条掺和点掺三种。遍掺是将黏土或砂土均匀铺在地上后耕翻；条掺和点掺是将黏土或砂土掺在播种行或穴中，这方法比较简易，但效果不如遍掺；对于砂土下面有黏土，或黏土下面有砂土的采取翻淤压砂或翻砂压淤的方法，使不同土层的土粒混合，达到改良土壤质地的目的。

第三节　土壤溶液与土壤酸碱性

一、土壤溶液

土壤中的可溶性物质溶于水中，成为土壤溶液。

除各种无机盐类外，土壤溶液中还包括可溶性有机物（简单的蛋白质、糖类等），因此土壤溶液是具有一定的浓度的溶液。

如果施肥量过大或盐碱土中土壤溶液浓度过大，总盐分大于 0.2%，会造成植物生理性干旱，根系脱水死亡，俗称烧苗。追肥时要特别注意控制合理的施肥用量，最好测土施肥。

二、土壤酸碱性

1. 表示方法

土壤酸碱性用 pH 值表示。一般 pH 值 =6.5~7.5 呈中性，pH 值 <6.5 呈酸性，pH 值 >7.5 呈碱性。我国南北地区土壤酸碱性差异巨大，长江以南各地基本属于酸性土壤，北方地区则属于中性或碱性。根据我国土壤的情况，通常将土壤酸碱性分为 5 级（表 2-3）。

土壤酸碱性　　　　　　　　　　　　　　　表 2-3

pH 值	< 5.0	5.0~6.5	6.5~7.5	7.5~8.5	> 8.5
酸碱性	强酸性	酸性	中性	碱性	强碱性

2. 测定土壤 pH 值的方法

根据测定要求的精准程度选择对应的方法，要求较低时可采用 pH 试纸测定；要求较高时，则采用玻璃电极法测定（酸度计）。

三、土壤酸碱性与植物生长

土壤酸碱性是土壤的基本性质之一，影响着土壤的微生物活动、养分转化及植物根系的生长。

1. 对植物生长的影响

植物经过长期的自然选择或人工驯化筛选，不同植物种类形成了对土壤酸碱度不同的适宜范围，比如有些植物适宜在酸性环境下生长，如山茶、栀子、杜鹃、广玉兰、马尾松、香樟等，有些植物则适宜在中性或碱性土壤中生长，如杨、柳、槐、椿等。通常南方地区的植物一般喜欢中性至酸性的环境，北方地区的植物一般喜欢中性至碱性的土壤环境。因此要按照"适地适树"的原则，进行植物配置或引种驯化。在人工配置栽培基质时，需要注意基质酸碱性和植物的适宜范围。

2. 对土壤养分和微生物的影响

土壤酸碱性直接影响着土壤矿质元素的转化和生物有效性，通常氮、钾、硫在中性至碱性范围内均有较好的有效性，而磷仅在中性范围内有效性最高；至于铁、锰、铜、锌等矿质元素，则在 pH 小于 5 时有效性最高，随着土壤 pH 值的升高，这些元素的生物有效性降低，钝化为植物很难吸收的形态，易出现微量元素的缺素症。

土壤微生物的代谢活动同样受土壤酸碱度的影响，不同土壤微生物对土壤 pH 值也有一定的适应性。一般来讲，细菌和放线菌适用于中性至微碱性条件，而真菌却适宜微酸性至酸性环境。

第四节　肥料的分类及特点

土壤为植物生长提供了部分矿质营养，但当土壤中矿质营养不足时，特别是针对生长周期长的园林树木等，需要通过施肥来补充营养，促进植物健壮生长。

根据肥料的性质和特点，可将肥料分为化学肥料、有机肥料和生物肥料三大类。

一、化学肥料

化学肥料，是指用化学方法制成或矿石加工而成的肥料，如碳酸氢铵、尿素、过磷酸钙等，又称商品肥料，简称化肥，由于大部分化肥是由无机化合物组成的，因此也称无机肥料。化肥能为植物直接供给某些营养元素、培肥地力、提高产量；化学肥料按其所含元素的多少、所含主要成分的不同，可以归纳为 3 种：

第一种，单质元素肥料，仅含氮、磷、钾三要素之一。

氮肥：如尿素、硫酸铵、氯化铵、碳酸氢铵、硝酸铵等。

磷肥：如过磷酸钙、重过磷酸钙、磷矿粉、钙镁磷肥等。

钾肥：如氯化钾、硫酸钾等。

第二种，复合肥料，含有氮、磷、钾三要素中两种或两种以上元素的肥料。如硝酸钾、磷酸二氢钾、磷酸铵等。

第三种，微量元素肥料，以植物必需的微量元素为主体的肥料。如硫酸亚铁、硫酸锌、硼酸、硫酸锰等。

化学肥料具有如下特点：首先，化肥成分比较单纯，大部分只含有一种或几种营养元素，不含有机质，又称不完全肥料。随着化学工业的发展，化肥发展趋势向多种营养元素复合肥料发展。其次，化肥养分含量高，如 1000g 尿素中，约含氮元素 460g，相当于 40~50kg 的人粪尿。再次，化肥肥效快，化肥多易溶于水而被植物吸收，一般用化肥溶液浇施的盆花，数天后即可见效。但肥效持续时间短，易被淋湿。最后，化肥体积小，运输使用方便，但易潮解结块，引起养分损失或施用时造成一定的困难。

二、有机肥料

有机肥料是指含有较多有机质，由动植物有机体及腐熟的畜禽粪便、绿色废弃物等做原料，经人工堆制或利用上述原料制成的肥料，也包括草炭等直接使用的有机肥，有机肥能为植物供给各种营养元素和增加土壤有机质，具有改良土壤的作用。

有机肥料根据其来源可分为：商品有机肥料（通常以畜禽粪便为原料进行发酵制成的有机肥为主），和绿化废弃物（枯枝落叶等）堆肥、草炭等，在城市绿化行业基本以商品有机肥和草炭为主，绿化施工中作为基肥改土用量较多的还是草炭类。随着节约型园林和生态园林等理念不断推广，绿化废弃物经过资源化、减量化和无害化处理，制成堆肥逐步应用于绿地土壤改良，在今后会成为一个重要的趋势和发展方向。

和化肥相比，有机肥料具有以下特点：

有机肥料成分复杂，含有机质及各种营养元素，是一种完全肥料；有机肥料来源广、种类多、数量大、养分全面、施用污染少等优点，但也存在体积庞大、肥效缓慢、养分含量低等缺点，因此，贮存和运输较费工。有机肥料和化学肥料特点比较见表 2-4。

有机肥和无机肥的特点 表2-4

有机肥料	无机肥料
①养分全面，含量低	①养分单一，含量高
②肥效缓慢，持久	②速效、短效
③含有机质，有改土作用	③不含有机质，无改土作用
④就地取材，价格低廉	④工厂制造，价格较贵
⑤体积大，运输使用困难	⑤体积小，运输使用方便
⑥常含有病虫害、杂草种子，需堆腐后施用	⑥清洁卫生，无病虫害

从上述对比可以看出，因有机肥和无机肥各有优缺点，应当有机无机配合施用，以取长补短，缓急相济，充分发挥肥料的效用。有机无机肥料配合施用也能够使有机肥本身具有的改良土壤、培肥地力、改善品质等作用得到进一步提高，同时延长无机肥的肥效期。

目前，园林绿化行业有机肥的用量远远不足，这是导致绿地土壤板结、通气透水性较差的原因之一，因此应加大有机肥的投入，尤其在绿化施工阶段，施入足够多的有机肥，保证土壤有机质含量不低于 10g/kg，为植物后期生长奠定良好的物质基础。

三、生物肥料

生物肥料又称微生物肥料、菌肥、微生物菌剂等，是指利用土壤中有益微生物制成的一类含有活性微生物的肥料，它是一种间接肥料，不能直接给植物提供养分，是通过微生物生命活动的过程和产物，来改善植物营养条件，或发挥土壤潜在肥力，或刺激植物生长，或抵御病虫危害，从而达到提高植物产量和品质的作用。常用微生物肥料有菌根菌肥、根瘤菌肥、放线菌肥等，通过肥料中微生物的活动，能改善植物营养条件或分泌激素刺激植物生长或抑制有害微生物等。目前生物肥料在绿化行业应用数量较少，但随着园林行业的发展，对肥料的重视程度逐渐增加，预计生物肥料的用量将逐渐增加。

第三章　园林树木

第一节　园林树木的作用

一、园林树木改善环境的作用

（一）改善温度

园林树木改善温度的作用在夏季最为明显。夏季炎炎烈日下，树木通过树冠和叶片遮挡大部分光照，直接减少日光直射，同时降低硬质铺装的地表辐射热，使行人感受到绿荫下凉爽宜人。不同的树种具有不同的降温能力，主要决定于各种树木的大小和树叶的疏密度以及叶片的质地。

当树木成片栽植时，不仅能降低林内的温度，而且由于林内、林外的温差而形成对流的微风，这样就使降温作用影响到林外的周围环境。这种对流的微风可带走皮肤表面的热量，促进蒸发，增加凉爽的感觉，使人感到舒适。

树木除夏季具有降温作用外，冬季也具有一定的保温效果，只是冬季的增温效果不如夏季的遮荫效果显著。树体一方面可阻挡风力，降低风速，同时，树枝、树干的受热面积比无树地区的受热面积大，并且，无树地区空气流动和散热速度快。因此，冬季在树体较多的小环境中的温度高于空旷地。

（二）改善空气湿度

树木通过根系从地下部分吸收的水分，绝大部分通过叶片和枝条以蒸腾的形式扩散到大气中，增加空气中的水汽，从而改善空气湿度。一株中等大小的杨树，在夏季白天每小时可由叶部蒸腾25kg水补充到空气中，一天的蒸腾量有500kg。当有100株以上的树木连成片种植，则每天可补充空气中水分50t，尤其在面积较大的林地中，增湿效果更为显著。树木犹如庞大的抽水机，每天周而复始地从地下吸收水分，然后通过叶面的蒸腾作用把根部吸收的水分绝大部分以水汽形式从叶面扩散到体外，增加空气中湿度。

树木改善空气湿度以夏季最为明显，其次为春季和秋季。据测定，一般在树林中的空气湿度要比空旷地的湿度高7%~14%，而树林中的湿度比城市高36%。

（三）吸收二氧化碳，释放氧气

正常情况下空气中的二氧化碳含量为0.03%，当二氧化碳含量达0.5%时，人的呼吸就会感到不舒适；含量达0.2%~0.6%时就会引起人们头痛、耳鸣、血压增高、呕吐等各种反应；含量达10%以上则会造成死亡。

地球上的绿色植物是二氧化碳和氧气的调节器。树木在进行光合作用时吸收二氧化碳，放出氧气。虽然树木也要进行呼吸作用，但光合作用放出的氧气要比呼吸作用消耗的氧气量大 20 倍。空气中 60% 的氧气来自陆地上的植物，因此，人们把绿色植物喻为"新鲜空气的加工厂"。

据测定，每公顷园林绿地（以树木为骨干材料）每天吸收二氧化碳 900kg，生产氧气 600kg。体重 75kg 的人每日呼吸时排出二氧化碳 0.90kg，消耗氧气 0.75kg。据此计算，城市居民每人若有树林面积 10m^2，则可以消耗掉每人每日因呼吸排出的二氧化碳，应供给其需要的氧气。

不同树种吸收二氧化碳的能力不同，一般言之，阔叶树种吸收二氧化碳的能力较针叶树种强。据 1971 年日本研究的资料表明，每公顷阔叶林每天约可吸收二氧化碳 1t，放出氧气 0.73t，约可供 1000 人的 1 天呼吸之用。

（四）吸收有毒气体

随着工业的发展，大气污染越来越严重，给人类及生物的生存造成危害。污染的大气包含多种有害气体，其中以二氧化硫为主，氯气、氟化氢次之。很多园林树木具有吸收不同有害气体的能力，因而能起到减轻大气污染、净化空气的作用。

据测定，吸收二氧化硫能力强或较强的树种有国槐、榆树、旱柳、臭椿、山桃、忍冬、卫矛等。一般落叶树吸收二氧化硫能力强，常绿阔叶树次之，针叶树较差。

吸收氯气能力强或较强的树种有悬铃木、泡桐、大叶黄杨、梧桐、旱柳、臭椿、水蜡、卫矛、花曲柳、忍冬、怪柳、君迁子等。

对氟化氢吸收能力强或较强的树种有大叶黄杨、垂柳、泡桐、加杨、梧桐、榉树等。

（五）阻滞烟尘

空气中含有大量尘埃，包括土壤微粒、金属性粉尘、矿物粉尘、植物性粉尘等，根据其粒径大小称之为 PM$_{10}$ 和 PM$_{2.5}$，尤其粒径小于或等于 2.5μm 的 PM$_{2.5}$ 颗粒，肉眼无法看到，随着人体呼吸进入肺部，长期容易引起肺病发生。大颗粒尘埃会引起沙眼、皮肤病或呼吸道疾病。尘埃还会使多雾地区雾情加重，就是目前常说的雾霾天气。早期由于城市居民和工矿区燃煤，产生大量粉尘，加重环境污染。

树木相当于一个空气净化器，其茂密的枝叶可以阻滞空气中的尘埃，使之吸附于叶片表面，降雨时被雨水冲走，之后又恢复吸尘能力，如此循环。不同树种滞尘能力差别很大，如针叶树比杨树滞尘能力大 30 倍。一般言之，凡树冠浓密、叶面粗糙或多毛及分泌油脂或黏液者滞尘能力均较强。榆树、木槿、圆柏、构树、臭椿、胡桃、松类、侧柏、云杉等都是滞尘效果较好的树种。

（六）分泌杀菌素

空气中散布着各种细菌。细菌的数量在不同环境条件下差异甚大，据调查，城镇闹市区空气中的细菌数比公园绿地中多 7 倍以上，主要是因为公园中植物多，很多植物具有分泌杀菌素的能力。不少园林树木体内含有挥发性油，他们具有杀菌能力，如松柏类、柑橘类、胡桃、黄栌、臭椿、悬铃木等。据计算 1hm^2 桧柏林 24h 内即能分泌出 30kg 杀菌素，能杀死白喉、肺结核、伤寒、痢疾等病菌。

据研究，常见杀灭细菌等微生物能力的树种主要有松树、冷杉、桧柏等；具有杀灭原生动物能力的树种有侧柏、圆柏、铅笔柏、辽东冷杉、雪松、黄栌、盐肤木、锦熟黄杨、大叶黄杨、桂香柳、胡桃、合欢、刺槐、槐、紫薇、木槿、悬铃木、石榴、枣、水栒子、垂柳、栾树、臭椿等。

（七）减弱噪声

噪声也是一种环境污染。当噪声超过 70 分贝时，对人体就有不利影响，如长期处于 90 分贝以上的噪声环境中工作，就有可能发生噪声性耳聋。噪声还能引起其他疾病，如神经官能症、心跳加快、心律不齐、血压升高、冠心病和动脉硬化等。树木能够吸收、反射部分声波。当声波通过时，树木摇动的枝叶可使声波减弱而逐渐消失。

据测定，40m 宽的林带，可以降低噪声 10~15 分贝，公园中成片的树林可降低噪声 26~40 分贝。绿化的街道比不绿化街道可降低 8~10 分贝。北方绿化隔声较好的乔木有雪松、桧柏、龙柏、悬铃木、垂柳、云杉、鹅掌楸、臭椿、栎树等。

二、保护环境的作用

（一）防风固沙

大风可以造成土壤的风蚀，增加土壤蒸发量，降低土壤水分，并携带沙土埋没城镇与农田。据调查，20 世纪 60 年代在我国北方万里沙线上，平均每年沙化面积 2000 万亩，沙尘暴天气肆虐，给环境带来污染。

树木树冠可有效降低风速，背风面降低风速的效果优于迎风面，并可拦截沙尘。据测定，树木较多的公园要比城区内的风速小 80%~94%。我国东三省西部防护林，在同样条件下，林带防保范围以内的地区，要比附近空旷无林地带的风速平均降低 19.2%~39.7%。

一般来讲，合理搭配高矮和适当疏密的带状种植树木，其有效的水平防护距离约为树高的 15~20 倍。防护林宜选择抗风力强、生长迅速、生长期长、寿命长的树种，以适应性强的乡土树种为主。北京地区常用的有杨树、柳树、榆树、桑树、白蜡、紫穗槐、桂香柳等。

（二）防止水土流失

树冠在降雨时可截留一部分降水，据测定，东北红松林林冠可截留降雨量的 3%~73.3%，陕西的油松林可截留 37.1%~100%。一般而言，枝叶稠密、叶面粗糙的树种截留降雨的能力强，针叶树优于阔叶树。总体来说，林冠截留降雨量约为总量的 15%~40%。

降雨经树冠截留后，剩余降水一部分被地被植物截留，另一部分渗入土壤，减少和减缓了地表径流量和流速，达到防止水土流失的作用。各种不同的树木对水土保持的作用是不同的。据测定，一般针叶树种遮挡雨水的能力大于阔叶落叶树种，而在针叶树中，云杉遮挡雨水能力最强。

（三）监测污染

许多树种对大气有害气体具有较强抗性和吸毒净化能力，但也有一些树种对有害气体的抗性和吸收能力很差。当空气中有毒气体含量很低时，抗毒能力弱的树种就很快表现出受伤害的症状，我们称这些树种为敏感植物。我们可充分利用他们的敏感性作为监测手段，确保人们能在合乎健康标准的环境下工作和生活。

据调查和试验的资料显示，对二氧化硫敏感的树种有油松、雪松、白蜡、杜仲、枫杨、杏、榆叶梅、紫丁香、连翘等。对氟化氢敏感的树种有雪松、榆叶梅、杏树、桃树、月季等。对氯及氯化氢敏感的树种有油松、雪松、复叶槭、桃树、苹果等。

很多树种可以作为有毒气体的监测植物，其表型变化能用来判断空气中某些有毒气体的含量是否超标，进而可以提醒公众，及时采取有效的防护措施。

三、美化环境的作用

园林树木是城市园林绿化的骨架，种类繁多，姿态优美、色彩丰富，季相景观各异，能满足人们多样的观赏需求。园林树木的干、形、枝、叶、花和果等都具有较高的观赏价值，是构建园林之美的载体，因此深入掌握园林树木的各种观赏因素对建设城市优美园林景色十分必要。

（一）树形及其观赏特性

千姿百态的树形是构成园林景观的因素之一，根据美化配置的需要，可按树形分为以下类型。

1. 圆柱形

此类树木顶端优势明显，主干生长旺盛，树冠上下部直径相差不大，冠长远超冠径，形态细窄而长。常见树种有杜松、钻天杨、新疆杨。

2. 圆锥形

此类树木顶端优势明显，主干生长旺盛，树冠自下而上逐渐收窄，远观如圆锥形状。常见树种有水杉、毛白杨、幼龄桧柏。

3. 尖塔形

顶端优势明显，大枝在树干上轮生排列，且树冠基部庞大，向上逐渐缩小，如多层宝塔。常见树种有雪松。

4. 伞形

粗枝扭转弯曲，小枝拱形下垂，加之基部主干，整体如"伞形"。常见树种有垂枝榆、龙爪槐。

5. 拱垂形

此类树木无主干，多丛生，枝条细长，呈拱形下垂姿态。常见树种有连翘、迎春、水枸子。

6. 馒头形

此类树木多分支，枝条斜向上生长，呈半球形或馒头形。常见树种有馒头柳。

7. 铺地形

植株低矮，株高不超过1m，枝条水平或斜向上生长，覆盖地面效果好。常见树种有铺地柏、砂地柏和平枝枸子。

（二）叶及其观赏特性

园林树木的叶片大小、厚薄、质地不一，形态各异，此外具有观形和观色的效果，在园林中营造丰富的季相景观。

1. 叶的形状

（1）单叶类

针形类：油松、雪松　　　　　　条形类：粗榧、冷杉、矮紫杉

披针形类：柳树、桃树、夹竹桃　倒卵形：玉兰

圆形：黄栌、平枝栒子　　　　　心形：紫荆

掌形：元宝枫、梧桐　　　　　　匙形：槲树

马褂形：鹅掌楸　　　　　　　　扇形：银杏

（2）复叶类

羽状复叶：北方常见的树种有国槐、刺槐、臭椿、栾树、白蜡、月季、珍珠梅、黄刺玫等。

掌状复叶：北方常见的有七叶树、五叶地锦。

2. 叶的颜色

（1）绿色类

大多数树种的叶片为绿色，但颜色有深有浅，浅绿、黄绿、鲜绿、浓绿、蓝绿、墨绿、褐绿、亮绿、暗绿，不同绿色交错相配，高低错落，形成美丽的色彩感和层次感。

叶色呈深绿色的树种有油松、桧柏、雪松、云杉、青杆、侧柏、国槐、毛白杨、构树等。叶色呈浅绿色的树种有水杉、落叶松、七叶树、鹅掌楸、玉兰等。

（2）异色类

树木除叶片为绿色外，有些树种的叶片因季节不同而呈现不同的色彩，在早春、秋季或整个生长季有别于绿色，呈现出红色、黄色、黄红色、双色、斑色等不同色彩，营造出丰富多彩的季相景观。

1）春色叶树种

早春叶色有显著变化的树种，称为春色叶树种。如元宝枫、香椿、臭椿、栾树、七叶树初展叶时为红色，黄连木呈紫红色。早春以常绿树为背景，形成绿叶红花的景观效果。

2）秋色叶树种

秋季叶色有显著变化的树种，称为秋色叶树种。秋季因叶片色素含量不同，叶色会变为红色、黄色或黄红色。秋色叶变为红色或紫红的树种有元宝枫、五角枫、柿树、火炬树、黄栌、地锦、五叶地锦、卫矛、山楂等；秋叶呈黄或黄褐色的有银杏、白蜡、国槐、马褂木、加杨、柳树、白桦、榆树、栾树、悬铃木等。

3）常色叶树种

有些树种的变种、变型或品种，其叶片常年均为异色，称为常色叶树种。常年叶色为红色的树种有紫叶小檗、紫叶李、紫叶碧桃、紫叶矮樱等；常年为黄色的树种有金叶女贞、金叶连翘、金叶复叶槭、美人榆等。

4）双色叶树种

有些树种，其叶背色与叶表色显著不同，在微风中形成特殊的闪烁变化，这类树种称为"双色叶树种"。常见树种有银白杨、胡颓子、沙枣、栓皮栎等。

5）斑色叶树种

有些树种绿色叶片上具有其他颜色的斑点或花纹，叶片呈斑驳色彩，这类树种称之为"斑色叶树种"。常见的树种有金心黄杨、金脉连翘、洒金珊瑚等。

（三）花及其观赏特性

花是园林树木的主要观赏部位，其花朵大小不同，形状各异，颜色更是五彩缤纷、变化多端，再加之花期分布在春夏秋三季，若根据花期、花色合理配置，则能装扮出三季有花、色彩亮丽的观赏景观。

1. 花色

从花朵颜色考虑，可将树木花色分为红色、黄色、蓝色和白色，红色又可细分为浅粉、深粉、玫红、大红、紫红等。

（1）红色系花

常见树种有西府海棠、桃树、杏树、玫瑰、月季、榆叶梅、石榴、贴梗海棠、锦带花、紫薇等。

（2）黄色系花

常见树种有栾树、迎春、连翘、蜡梅、黄刺玫、棣棠、小檗、山茱萸等。

（3）蓝色系花

常见树种有紫藤、紫丁香、泡桐、木槿、荆条等。

（4）白色系花

常见树种有刺槐、玉兰、梨树、珍珠梅、白丁香、溲疏、太平花、荚蒾、白鹃梅、白玫瑰、白碧桃、绣线菊、白木槿等。

2. 花香

根据树种花香浓度，可分为清香型、甜香型、浓香型、淡香型和奇香型。清香型的树种有太平花和金银花，甜香型的如桂花，淡香型的如玉兰。

（四）果实及其观赏特性

园林树木的果实在景色单调的秋季成熟，除具有一定的经济价值外，有些树种的果实具有观形、观色等美化环境的功能。

1. 果实的形状

树木果实形状具有奇、巨、丰等特点。所谓"奇"，是指形状奇特，如元宝枫的果实形状似元宝，紫珠的果实宛若许多晶莹的紫色珍珠。有些种类不仅果实可赏，而且种子又美，富于诗意，如王维"红豆生南国，春来发几枝，愿君多采撷，此物最相思"诗中的红豆树等。所谓"巨"，是指单体果实较大，如木瓜、柚、榴莲等。所谓"丰"，是指全株硕果累累、果量繁丰、观果效果好，如金银木，每到秋季，晶莹剔透的红色果实挂满枝头，光艳夺目。

2. 果实的颜色

果实虽不及花朵给人耳目一新的感觉，但颜色也较丰富，且观赏时间正处于缺少花期的秋季，有着更大的观赏意义。果实成熟后呈现出的颜色有红色、黄色、蓝色、黑色、白色等。

（1）红色果实

果实呈红色的有柿树、构树、石榴、山楂、金银木、山茱萸、平枝枸子、水枸子、黄刺玫等。

（2）黄色果实

果实呈黄色的树种有杏树、梨树、贴梗海棠、沙棘、南蛇藤（假种皮红色）等。

（3）蓝色果实

果实呈蓝色的树种有紫珠、葡萄、李树、海州常山等。

（4）黑色果实

果实呈黑色的树种有君迁子、毛梾、小叶女贞、地锦、金银花、鼠李等。

（5）白色果实

果实呈白色的树种有红瑞木。

（五）枝、干、树皮、刺毛、根等及其观赏特性

园林树木除叶、花和果实具有观赏价值外，其枝条和树皮颜色、干皮形态、刺毛和根等也具有一定的观赏价值。

1. 枝条

枝条具有姿态美和色彩美。树木枝条大多为灰色和褐色，但也有为红色、绿色或黄色，尤其在深秋落叶后，枝干的颜色更为醒目。对于枝条具有美丽色彩的园林树木，特称为观枝树木。常见观红色枝条的树种有红瑞木、黄刺玫；常见观绿色枝条的树种有国槐、梧桐、迎春、棣棠、绿萼梅等。

枝条以直立生长居多，但有些树种的枝条"之"字形扭曲，观姿态效果好，如枣树、紫荆、龙爪槐等。

2. 干皮

乔木干皮的形、色也很有观赏价值。

（1）干皮形状

以树皮外形而言，大致分为以下几类。

光滑不裂。树皮光滑不裂，中龄后会变得粗糙。常见树种有胡桃幼树、小叶朴、合欢等。

横纹树皮。树皮具浅而细的横状纹，如山桃、桃树、樱花等。

片裂树皮。树皮片状开裂的树种有白皮松、悬铃木、榉树、猬实等。

纵裂树皮。树皮呈不规则的纵条状，不同树种裂纹深浅不一，如浅纵裂的国槐、白蜡、栾树等；人字形深纵裂的刺槐。多数树种树皮为纵裂。

长方裂纹树皮。树皮呈长方形块状裂，如柿树、君迁子等。

网状裂树皮。树皮裂纹纵横交错，如渔网般，如丝棉木。

鳞状树皮。树皮鱼鳞片状开裂，如油松、樟子松等。

（2）干皮颜色

以干皮有显著颜色的树种而言，大致可分以下几类。

呈红褐色者：如山桃、桃树和樱花等。

呈绿色者：如梧桐、国槐幼树等。

呈斑驳色彩者：如构树、木瓜等。

呈白或灰白色者：如白皮松、白桦、胡桃、毛白杨、小叶朴、悬铃木等。

3. 刺毛

有些树木的刺、毛等附属物也有一定的观赏价值，如黄刺玫枝条上红色的皮刺点缀在红色枝条上，冬季落叶后可观赏；构树和毛刺槐当年生枝条密被丝状毛；玫瑰的枝条密生灰色的刚毛和倒钩刺。

4. 根

有些树种的根系因树种特性和雨水冲刷，到老年以后露出地表，表现出自然外露美，尤其生长在岩石或坡地的树种，根系蜿蜒生长，曲折走向，尽显艺术姿态。根系外露的树种有油松、榆树、小叶朴、银杏、楸树、国槐等。

第二节　树木的识别

树木识别主要从树种的形态特征入手。外部形态包括根、茎、叶、花和果实等器官，需要我们认真观察、比对和鉴别，才能准确无误地识别出树种。

北京园林树木绝大多数为落叶树种，从11月下旬至翌年3月份，有近半年时间没有叶片，仅以冬芽的形态宿存于枝条，而园林中诸如掘苗、假植、出圃、冬季修剪、春季植树等工作均在落叶后、发芽前进行。因此树木冬季形态识别对于从事园林绿化工作的技术人员具有重要的意义。

此外，在树木整个生长期内，要经历萌芽、展叶、开花、结果、落叶等生命周期，生长季识别以叶片、花、果实等器官的形态为主，统称为夏季识别。

一、冬季识别

（一）树木冬态的概念

北京位于北纬40°，属温带大陆性季风气候，从10月中旬初霜至4月初终霜，全年霜期为170天。在近半年的时间里除常绿树种和温室植物外，大部分树木都落叶，并停止生长，进入休眠状态。树木冬态是指落叶树种在进入休眠时期，树叶脱落，露出树干、枝条和芽苞，外观上呈现出与夏绿季节完全不同的形态。

（二）树木冬态识别

树木冬态识别一般遵循从整体到局部，由表及里的原则，主要考虑如下特征。

1. 树形和树干

（1）树形

根据树木生长习性的不同，通常将树木分为乔木、灌木和藤本。乔木通常树体高大，有明显的主干，高度至少在 5m 以上，如国槐、毛白杨、臭椿、垂柳等。由于树干及分枝情况的不同，外观上呈现多样变化。通常有以下个类型。

① 圆锥形：如银杏幼树等。

② 球形：如元宝枫、栾树、国槐、杜仲、榆树、千头椿等。

③ 圆柱形：如钻天杨、新疆杨等。

④ 阔（广）卵形：如银杏老树、美国白蜡等。

⑤ 伞形：如龙爪槐。

⑥ 半圆形：如馒头柳。

（2）树干

灌木通常树体矮小，高度在 5m 以下，多丛生或主干低矮。依枝、干特点可分为单干类和多干类，多干类根据形态特点分为直立型、拱垂型和匍匐型。

① 多干直立型：如黄刺玫、棣棠、珍珠梅、贴梗海棠、蜡梅、天目琼花等，多数灌木树种属多干分枝类型。

② 多干拱垂型：如连翘、迎春、猬实、水枸子、白玉棠、十姐妹等。

③ 多干匍匐型：如平枝枸子、砂地柏。

藤木茎干不能直立生长，只能靠缠绕或攀附他物向上生长。根据藤木生长特点可分为缠绕类、吸附类、钩攀类和卷须类。

① 缠绕类：如紫藤、金银花。

② 吸附类：如胶东卫矛、爬山虎、五叶地锦、凌霄。

③ 钩攀类：如蔓性蔷薇。

④ 卷须类：如葡萄。

2. 枝条

各种树木枝条的粗细、断面形状、节间长短、粗细和颜色等存在不同，可以用来识别和鉴定树种。

（1）枝条粗细。枝条粗壮的树种有臭椿、胡桃、香椿、梧桐等；枝条较细的树种有垂柳、旱柳、馒头柳、柽柳等。

（2）断面形状。多数树种的当年生枝条断面为圆形，但也有当年生枝条断面为方形或近方形，如迎春、连翘、石榴、蜡梅、紫薇等；天目琼花的当年生枝条近六棱形。

（3）枝条姿态。枝条多数直立生长，有些如构树、枣树、紫荆小枝"之"字形扭曲；枝条扭转弯曲的树种有龙爪枣、龙爪柳、龙桑等。

（4）枝条颜色。枝条颜色以褐色和灰色为主，枝条为红色的树种有红瑞木、黄刺玫；枝条为绿色的树种有迎春、棣棠、梧桐、国槐等；山桃、碧桃向光面为红色，背光面为绿色，形成一面红一面绿的景观。

二、夏季识别

夏季识别树种主要以叶、花、果实等器官的形态为主，整个生长期叶片都着生在枝条上，但不同树种开花、结果和果实成熟时间多不相同。因此，夏季识别以叶片形态为主，花或果实为辅。

（一）叶片

首先通过叶片形态区分是针叶树种还是阔叶树种，阔叶树种从单复叶、叶片大小、叶片形态、叶缘、叶基与叶尖、托叶等特点进行识别。

1. 阔叶树识别

（1）单叶或复叶

大多数阔叶树种的叶片为单叶，也有部分阔叶树种叶片为复叶。根据小叶在叶轴上着生方式及小叶数量，可将复叶分为以下类型。

①羽状复叶。小叶在叶轴上呈羽状排列。其中，叶轴顶端生有一片小叶的称为奇数羽状复叶。如国槐、刺槐、白蜡、紫藤、月季等。叶轴顶端生有两片小叶的称为偶数羽状复叶。如香椿、皂荚等。

有些树种的羽状复叶的小叶再分裂成小叶，排列于支轴的两侧，形成二回羽状复叶，如合欢。二回羽状复叶上的小叶再分裂一次，形成三回羽状复叶，如楝树、南天竺等。

②掌状复叶。小叶集生于叶轴顶端，开展如掌状。如七叶树、美国地锦等。

③三出复叶。由3片小叶组成的复叶。如迎春、胡枝子、葛藤及爬山虎新枝上的叶等。

（2）叶形及大小

叶片的形状多种多样，如银杏的叶片呈扇形，紫荆叶片呈心形，河北杨叶片呈圆形，柳树的叶片呈披针形，玉兰叶片为倒卵状长椭圆形，合欢小叶呈镰刀形；多数树种呈卵形、椭圆形或介于二者之间的形态。

不同树种叶片大小亦多不相同。北方应用叶片较大的树种有泡桐、悬铃木、梧桐、楸树等的单叶，及栾树、臭椿、胡桃、火炬树等的复叶。叶片较小的树种有平枝栒子、柽柳、紫叶小檗等。

（3）叶序

叶在枝上的排列顺序称为叶序。叶序有互生、对生和轮生3种基本类型。杨类、柳类、国槐、银杏、榆叶梅、棣棠等树种，枝上节上只生一叶，为互生叶序。泡桐、元宝枫、丁香、连翘、金银木等树种，每节上着生两片叶，为对生叶序。楸树、夹竹桃等树种，在一个节上生有3枚及以上的叶，为轮生叶序。

（4）叶缘和裂叶

多数树种的边缘不具任何齿缺，称为全缘。如国槐、泡桐、柿树、君迁子、丁香、紫荆、小叶女贞等的叶片。有些树种叶缘有齿。如大叶黄杨具有齿端圆钝的锯齿；连翘、碧桃、黄刺玫、榆树、柳树等具有齿端尖锐的锯齿；珍珠梅、榆叶梅等的锯齿中又复生小锯齿，称为重锯齿；栓皮栎、樱花的叶缘具芒状锯齿；迎春小叶边缘具短睫毛。

当叶缘的齿缺凹入较深时，称为裂叶。如毛白杨、槲树叶片为波状缺刻，山楂叶的裂片为羽状裂，鸡爪槭的裂片为掌状5~9深裂，元宝枫、梧桐叶的裂片为全缘掌状裂。

（5）叶尖与叶基

多数树种先端尖或圆钝。有些树种叶尖形态较特殊，如玉兰叶先端平圆，中间突出成一个短尖，形成突尖；银杏叶顶端呈扇面；鹅掌楸叶先端平截（或微凹）；樱花叶先端呈尾状；刺槐、皂角等一回羽状复叶的小叶先端具有短刺尖。

一般树种叶基多呈楔形或近圆形。一些树种，如紫荆、梧桐、泡桐等叶基呈心形；元宝枫叶基呈截形，故又得名平基槭；榆树、小叶朴、椴树、合欢等树种的单叶或小叶，叶基多不对称呈偏斜。小檗的叶基极狭，状如勺柄。

（6）叶柄与托叶

叶柄是连接叶片与茎的部分。大多数树种叶片具柄，但亦有树种叶片无柄，如盘叶忍冬。叶柄断面一般多为圆形或近圆形，但加杨叶柄呈两侧压扁形状；花椒和枫杨叶柄具翅；樱花、山杏、天目琼花等叶柄上具有突起的腺点。

托叶为叶柄基部的附属物，成对生长于叶柄基部两侧。有些树种如元宝枫、七叶树、胡桃等不具托叶；有些树种如柳树、紫叶李、碧桃、榆叶梅、玉兰等托叶在展叶后即脱落；还有些树种托叶与叶片同时存在，称为托叶宿存。宿存托叶的形态也是我们识别树种的依据之一。如悬铃木托叶大，围绕着枝条呈圆领形；贴梗海棠的托叶呈半圆形，托叶边缘具尖锐重锯齿；十姐妹、白玉棠托叶部分与叶柄合生，托叶边缘呈篦齿状；榆叶梅的托叶细小如须；海棠托叶如叶片形状，但托叶细小；此外，枣树、刺槐托叶变为刺状，长期宿存于枝条上。

（7）叶片附属物

叶片附属物是指叶片上着生的柔毛、星状毛、刺毛、腺点、腺毛、鳞片、胶丝等，这些附属物的特点有利于快速识别出树种。如悬铃木、梧桐、糠椴、溲疏等树种叶片生有星状毛；构树叶片、紫藤及金银花的幼叶密被短柔毛；玫瑰、毛刺槐（江南槐）小叶柄及主脉上生有刺毛；胡桃、紫穗槐等小叶背面生有油腺点；栓皮栎、沙枣叶背具有银白色鳞片。

叶片气味、胶丝、乳液等特点也是树种识别的依据之一。臭椿、胡桃、香椿、黄栌、海州常山、华北香薷、花椒等树种，叶片揉皱后具有不同气味；杜仲叶片撕裂可见白色胶丝；桑树、构树、火炬树、杠柳等叶片撕裂可见黄色或白色的乳液。

2. 针叶树种识别

识别针叶树种时，首先着眼于叶形。针叶树的叶形主要有4种，即针形、刺形、条形和鳞形。油松、白皮松、华山松、雪松叶为针形叶；杜松、刺柏、铺地柏等树种叶为刺形叶；辽东冷杉、白杆、青杆、云杉、水杉、矮紫杉、粗榧等树种叶为条形叶；侧柏、香柏为鳞形叶。圆柏（桧柏）、叉子柏（砂地柏）的叶既有刺形叶又有鳞形叶。

在每一类叶形中，还可根据形状、组成情况、叶在枝上着生方式、针叶的长短等特征进一步鉴别。如云杉和冷杉的针叶虽均为条形，但云杉叶呈棱状条形，冷杉呈扁平条形。油松、白皮松、华山松的叶均为针形，成束着生，但叶的组成却不相同。油松为2针一束，白皮为3针一束，华山松为5针一束。樟子松与油松的针叶虽均为2针一束，但针叶长短不相同。樟子松针叶仅长 3~9cm，油松的针叶长 10~15cm。粗榧与矮紫杉同为条形叶，但粗榧叶背有两条白色气孔带。

（二）花

一朵完整的的花由花托、花萼、花冠、雄蕊和雌蕊 5 部分组成。一朵花中雌、雄蕊都有的称为两性花，只有其中一种的称为单性花。单性花生于不同植株上称为雌雄异株，生于同植株上，称为雌雄同株。同一树种既有单性花又有两性花的称为花杂性。单性花与两性花生于同一植株上称为杂性同株，反之称为杂性异株。多数园林树种的花属两性花，如国槐、栾树、丝棉木、丁香、连翘、榆叶梅等；杨柳类、银杏、白蜡、柿树、君迁子、杜仲等为雌雄异株的树种；胡桃、悬铃木等为雌雄同株树种；臭椿为杂性异株树种；元宝枫、五角枫、七叶树为杂性同株树种。

不同树木花冠的形状各异。蝶形花科树种如国槐、刺槐、紫穗槐、胡枝子、鱼鳔槐等花冠为蝶形；山楂、棣棠、山桃、紫叶李、贴梗海棠、蔷薇等蔷薇科树种为花瓣基数 5 片、离生的蔷薇形花冠；丁香属、女贞属树种花冠为漏斗形；金银木、泡桐、楸树、黄金树、梓树等的花冠为唇形；连翘、锦带花、猬实的花冠为钟形；太平花、鸡麻的花瓣 4 片，相对排成十字形。

花在枝上的排列方式称为花序。花序种类、大小、形态、着生位置是从花的形态特征识别树种的依据。紫薇、珍珠梅、丁香、栾树、臭椿、国槐、七叶树等为圆锥花序；刺槐、紫藤、太平花的花为总状花序；杨柳类、胡桃、桑树、构树、白桦等的雄花为荑葇花序；合欢、悬铃木、柘树、构树（雌株）的花属头状花序；金银木、金银花、鞑靼忍冬等忍冬属树种花成对生于叶腋；绣线菊属的花序多为伞形花序；天目琼花、欧洲琼花、东陵八仙花的花序外缘为一圈大型不孕花边。此外还可依据花色、花部形态差异及花香等方面的特性进一步鉴别。

（三）果实

园林树木的果实类型多种多样。大多数树种的果实为蒴果，成熟后开裂，如杨树类、柳树类、栾树、泡桐、香椿、黄金树、楸树、丁香类、溲疏、连翘、太平花、紫薇、锦带花、海仙花等；国槐、刺槐、合欢、紫荆、皂角、紫藤等树种果实为荚果；枣树、山桃、杏树、李树、胡桃、小叶朴、黄栌、小紫珠等树种果实为核果；元宝枫、榆树、臭椿、白蜡、杜仲等树种果实为翅果；柿树、君迁子、石榴、金银木、小檗等树种果实为浆果；板栗、栓皮栎、槲树、麻栎等壳斗科树种的果实为具有木质化总苞的坚果；玉兰、梧桐、绣线菊类、珍珠梅、牡丹的果实为蓇葖果；苹果、海棠、贴梗海棠、梨树、平枝栒子等果实为梨果；月季、玫瑰、黄刺玫、蔷薇类的果实为浆果状的假果，特称蔷薇果，其真正的果实为包藏在假果内的骨质坚果。

在每类型果实中，还可依据果实的形状、大小、颜色及着生方式等差异进一步鉴别。例如同为蒴果，栾树果实如灯笼状，又得名灯笼树；楸树、梓树的果实细长如筷子；丁香的果实扁形，成熟后二裂如鸟啄；皂荚与山皂荚的果实均为荚果且大小相近，但皂荚果实肥厚，不扭曲，而山皂荚果实薄而扭曲；海棠花与小果海棠均称西府海棠，果形及大小相近，果序相同，但果色不同，前者果色黄，后者果色红；白蜡树与绒毛白蜡的果实均为翅果，果实形态相近，但前者果实生于当年枝顶或枝侧，后者果实生于两年生枝侧。

各种树木叶、花、果等形态表现各异，需要我们对树木进行细心的观测、比较，在共性中找出树种特有的、较为明显的个性，不断实践，就能识别出树种。

第三节 树木各论

一、常绿乔木

1. 油松

科属 松科 松属

形态 树冠在壮年期呈塔形或广卵形，老龄或孤植树顶端平展。树皮鳞片状开裂；针叶 2 针一束，长 10~15cm，叶鞘宿存；雌雄同株，花期 4~5 月，球果次年 10 月成熟，卵圆形，常宿存数年不落（图 3-1）。

分布 我国东北南部、华北及西北。

习性 强阳性树种，幼树较能耐阴；耐寒、抗风、耐旱，也较耐热，但不耐低湿和盐碱，尤忌积水。年降雨量300mm 处能正常生长，以 700mm 左右生长更好。

瘠土树种，耐瘠薄能力强，自然界中常生长于山岭陡崖及岩石裂缝处。引入北京城郊平原地区栽植后，以近山地带及城西北郊区生长表现良好，东南郊区由于土壤黏重，导致有时生长不良；对城市一般少量或中量渣土尚能适应，唯在石灰渣土及过量煤灰渣土上生长不良或死亡。

喜疏松通透土壤，不耐土壤密实。由于城区人踩碾和各种机械夯实形成的过密土壤，不仅使土壤硬度加大，限

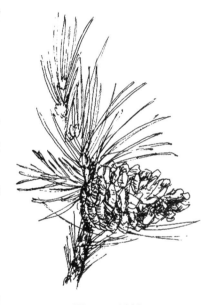

图 3-1 油松

制油松根系生长，而且减少土壤通气空隙，严重时使根系"窒息死亡"。栽植在土壤密实地区、较窄分车带和硬质铺装区时，由于根系生长空间有限，土壤与大气的空气交换受阻，常造成根系通气不良、生长衰弱，严重者甚至死亡。

繁殖 播种。

园林用途 油松在北京具有悠久的栽培历史，据粗略统计，全市有 300 年左右的古油松200 余株，百年以上者近千株，多分布在城郊古刹、宫苑、庭院、陵园墓地等处。西山古刹戒台寺内传为辽金时代所植，距今已有千余年；城区北海团城承光殿东侧所植，曾有清高宗皇帝封为"遮荫侯"的一株古松，距今也有 800 年历史。油松树干挺拔苍翠，四季常青，广泛栽植于城郊公园、庭园和道路绿化。

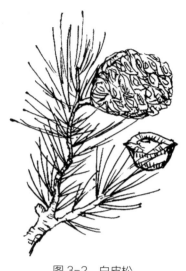

图 3-2 白皮松

2. 白皮松

科属 松科 松属

形态 树皮幼龄时光滑，灰绿色；中龄开始呈薄片状开裂，露出粉白色内皮，与未开裂处交互为斑驳迷彩色；古树大多完全开裂为白色。针叶 3 针一束，长 5~10cm，叶鞘早落（图 3-2）；雌雄同株，花期 4~5 月，球果次年 10~11 月成熟。

分布 中国特产，山东、山西、河南、河北、陕西、四川、湖北、甘肃等省市均有分布。

习性 阳性树，幼树略耐半阴；耐寒性次于油松，抗风、耐旱，但忌积水和低湿，不甚耐干热。城区高温和热辐射强地段常出现焦针、干皮受灼流脂症状。耐干旱能力强于油松。

对土壤通气要求较高，不耐土壤密实；抗盐力差，可于一般城市渣土上正常生长，但石灰性渣土上栽植多生长不好，甚至死亡，含盐量达 0.2% 时植株即受盐害。对二氧化硫、一氧化碳和烟尘污染有较强抗性，抗毒和吸毒能力较油松强。

繁殖 播种。

园林用途 白皮松为东南亚唯一的三针松，特产我国的珍贵树种，历来多栽植于宫廷、寺院、名园及墓地。其干皮不同年龄阶段各具特色，尤以斑驳状乳白色衬以青翠树冠更为醒目，在北京园林中广泛应用，栽培历史久远。据统计，北京市有古树 400 余株，其中树龄 300 年以上的古树有百余株。戒台寺内著名的九龙松，北海公园白袍将军，树势仍雄伟壮观。北京许多公园、庭园、道路、古寺、墓地等广为种植，已成为北京古都园林中的特色树种。

3. 圆柏

科属 柏科 圆柏属

别名 桧柏、刺柏

形态 幼树树形圆锥形，老树广卵形，树皮浅纵裂；老枝常扭曲状，小枝直立或斜生；具两种叶形，鳞叶交互对生，常生于老枝上，刺形叶 3 枚轮生，叶表有两条白色气孔带，多见于幼枝上（图 3-3）。雌雄异株，极少同株；花期 4 月下旬，球果球形，翌年 11~12 月或第 3 年的 1~2 月份成熟，熟时不开裂。

分布 原产东北南部及华北等地。几乎全国各地均有栽培。

习性 喜光，幼树稍耐阴；耐寒，也耐热；耐干旱瘠薄能力强，也有一定的耐水湿能力。深根性，侧根也较发达，酸性、中性及钙质土壤中均能生长，适应北京市区各种人工渣土。

图 3-3 圆柏

圆柏是针叶树中对氯气和氟化氢抗性较强的树种，抗二氧化硫能力优于油松，能吸收一定数量的硫和汞，因枝冠稠密，滞尘和隔声效果良好。

繁殖　播种、扦插。

园林用途　应用范围广，我国自古以来多配植于庙宇或陵墓之地，也是古典民族形式庭园中不可缺少之观赏树。其树形独特，幼龄为圆锥形，老龄枝干扭曲，姿态堪为独景。因其性耐修剪又有很强的耐阴性，冬季颜色不变，作为绿篱效果优于侧柏，又可种植于背阴处。

圆柏在北京栽培历史悠久，据统计，北京市百年以上的古柏有 4500 余株。但在栽培应用中，切忌远离苹果、梨园，避免发生苹桧或梨桧锈病。

圆柏栽培品种龙柏，树形呈圆柱形，小枝密集，略扭曲上伸，全为鳞形叶；幼树抗寒较圆柏弱。龙柏树形盘绕如扭曲向上的蛟龙，且不择土壤，耐干旱瘠薄能力强，园林中常见栽培应用。

4. 侧柏

科属　柏科　侧柏属

形态　幼树树冠尖塔形，老树广圆形，且树皮薄片状剥落；小枝扁平，如同一平面，针叶交互对生，全为鳞形叶（图3-4）；雌雄同株，花期 3~4 月，球花单生枝顶，果熟期 10 月，球果卵形，种鳞木质，熟后开裂，种子无翅。

分布　原产华北、东北，目前全国各地均有栽培。

习性　喜光，且有一定耐阴性；耐寒，耐旱，也耐多湿环境。对土壤要求不严，在酸性土、中性土、碱性土及干燥瘠薄的岩石旁上均能生长；抗盐性很强，可在含盐量 0.2% 的土壤中生长。侧柏根系发达，寿命长，古树较多；适应性强，能抗多种有害气体污染。

繁殖　播种。

图3-4　侧柏

园林用途　侧柏是北京市树，为我国应用最广泛的园林树种之一，常植于寺庙、陵墓地和庭园中。园林中可作为背景树栽植应用，也可与圆柏、油松、黄栌、臭椿等混交应用。北京侧柏古树较多，如天坛公园，大片的侧柏古树林与建筑相互映衬，既能突出主题建筑，又形成一种庄严肃穆的祭天氛围；再如密云的"九搂十八杈"，冠幅百平方米以上，树干需 9 人拉手才能搂住，足见年代久远。

侧柏栽培变种有千头柏、金塔柏和洒金千头柏，树形、叶色观赏价值高，宜于园林中栽培应用，同时，抗污能力强，适于工矿区绿化种植。

二、落叶乔木

1. 银杏

科属　银杏科　银杏属

别名　白果、公孙树、鸭脚树

图 3-5 银杏

形态 树皮灰褐色，深纵裂；大枝近轮状着生，有长短枝之分，距状短枝密被叶痕；叶在长枝上互生，在短枝上簇生，扇形叶，先端常 2 裂，有长柄，叶基楔形（图 3-5）；叶痕半圆形，叶迹 2；雌雄异株，花期 4 月，种子核果状，椭圆形，9~10 月成熟。

分布 我国子遗树种。浙江天目山有野生，沈阳以南，广州以北均有栽培。

习性 阳性树，幼树耐阴；较耐干旱，不耐积水，但过于干燥或多石山坡生长不良；抗寒性较强，能适应高温多湿气候，但不耐地表强烈辐射热，硬质铺装地，或马路行道树常于夏季出现焦叶现象。不耐土壤密实，喜疏松通透土壤，适宜在中性至微酸性土壤中生长。

银杏为深根性树种，寿命较长，百年以上古树较多，有些达千年。如密云塘子村银杏王，树高 25m，胸径 230cm，树龄达 1300 年，为北京银杏之最。潭柘寺的"帝王树"，树高 34.2m，堪称北京最高的古银杏。

银杏生长和发育较为缓慢，实生繁殖植株需 20 年才能开花结果，40 年开始进入结实盛期，但结实期较长，近百年大树大年产量可达 1000kg 左右。

繁殖 播种、嫁接、扦插、分蘖。

园林用途 银杏叶形秀美，秋季叶色金黄，为我国自古以来常用的绿化树种，常见于寺庙殿前左右对植。由于其树姿雄伟壮丽，干型挺拔，北京作行道树栽培应用较多，也可用作庭园或独赏树，其秋季变色期间，可谓一道独特亮丽的风景线。银杏作行道树栽植时，应选择雄株，以避免种实污染行人衣物。

银杏雌株和雄株有以下区别：

雄株：主枝与主干之间夹角小，树冠稍窄，且形成较迟；叶裂刻较深，常超过叶的中部；秋叶变色期较晚，落叶较迟；着生雄花的短枝较长（约 1~4cm）。

雌株：主枝与主干之间夹角较大，树冠开张角度大，顶端较平，形成较早；叶裂刻较浅，未达叶的中部；秋叶变色期及脱落期均较早；着生雌花的短枝较短（1~2cm）。

2. 毛白杨

科属 杨柳科 杨属

别名 大叶杨、响叶杨

形态 树干通直，树皮灰绿色或灰白色，光滑，具菱形皮孔，老时树皮纵裂，呈暗灰色；叶芽锥形，花芽着生顶端，呈球形，嫩枝、叶背和芽均具灰白色绒毛，后渐脱落；单叶互生，叶三角状卵形至卵圆形，叶柄长，先端具 2~4 腺体（图 3-6）；雌雄异株，花期 3~4 月，先花后叶，葇荑花序，无花被，蒴果三角形，4 月中下旬成熟。

图 3-6 毛白杨

分布 中国特产，主要分布于黄河流域，北至辽宁南部，南达江苏、浙江，西至甘肃东部，西南至云南。

习性 强阳性；在楼北背阴处栽植生长尚可，但趋光生长明显；耐寒、抗风力强，也耐干热，城区热辐射强烈地区生长良好。对二氧化硫、一氧化碳及烟尘污染有一定抗性，对氯气及氯化氢抗性较弱。化雪盐（氯化钠）浓度达0.3%时浸入根区即可引起伤害，1981年东长安街因撒化雪盐使局部地段含盐量高达0.55%，有145株毛白杨因而死亡。

毛白杨对土壤要求不严，在酸性至碱性土壤上均能生长，但耐土壤密实能力较国槐弱；喜肥沃湿润环境，不甚耐干旱，过于干旱地带因水分供应不足，植株从顶端向下出现干枯，严重影响景观效果。

繁殖 埋条、扦插、嫁接、留根、压条、分蘖。

园林用途 毛白杨树体高大，枝叶茂盛，生长迅速，园林中可作行道树、庭荫树，也可大片种植作为隔离带，或作防护林。因果实成熟期杨絮随风飘扬，严重者如雪花飘洒，容易引发路人呼吸道疾病，因此，建议在人流量大的区域多种植雄株。毛白杨虽生长迅速，但栽培过程中发现，其无性繁殖植株衰老较快，一般40年后开始衰弱，影响景观质量及生态效益。

3. 加拿大杨

科属 杨柳科 杨属

别名 加杨

形态 树皮粗糙，灰褐色，纵裂；树冠卵圆形；小枝无毛，在叶柄下具3条棱脊；冬芽细长，先端尖，后向外卷曲；单叶互生，叶近正三角形，边缘半透明，具钝齿，两面无毛（图3-7）；叶柄扁平细长，有时具1~2腺体；花期3~4月，蒴果4月下旬至5月成熟。

图3-7 加拿大杨

分布 本种为美洲黑杨与欧洲黑杨之杂交种，今广泛用于欧洲、亚洲和美洲各地。我国于19世纪中期引种，现各地广为栽培。

习性 喜光，耐寒；对水涝、盐碱和瘠薄土地均有一定耐性，耐干旱能力较差，本市栽植于郊区及土壤水分充足的河湖岸边长势尚可，城区庭院及行道树上长势普遍较差。对二氧化硫污染抗性及吸收能力均较强，对氯气及氯化氢污染也有一定抗性。生长快，寿命短。

繁殖 扦插。

园林用途 树冠宽广，树体高大，每年发芽、展叶早且落叶迟，叶片大而有光泽，夏季遮荫效果好，适宜用作行道树、庭荫树、工厂矿区、防护林或四旁绿化。

4. 水杉

科属 杉科 水杉属

形态 幼树尖塔形，老树广圆头形；树干基部常膨大，树皮薄片状剥落；大枝近轮生，小枝对生；冬芽卵圆形或椭圆形，叶痕在芽的上方或一侧，冬芽与小枝呈垂直着生状；叶交

图 3-8 水杉

互对生，扁平条形状，叶基扭转排成 2 裂（图 3-8）；雌雄同株，花期 4~5 月，果 10~11 月成熟。

分布　我国孑遗树种。自然分布于四川石柱县，湖北利川市磨刀溪、水杉坝一带及湖南龙山、桑植等地海拔 750~1500m 湿润温和地区，现国内外广为引种栽培。

习性　阳性树，有一定抗寒性，北京可露地越冬；喜湿润而排水良好的酸性土，轻度盐碱土（含盐量 0.2% 以下）也可正常生长；不耐干旱，亦不耐涝。对二氧化硫、氯气和氟化氢等有害气体抗性较弱。

水杉结实年龄偏晚，一般 10 年以上大树始现花蕾，但所结种子大多干瘪，通常 25~30 年生大树始结实，40~60 年生为结实盛期，百年大树仍大量结实。

繁殖　扦插为主，少量播种。

园林用途　水杉树干挺拔，叶形秀丽，秋季叶色变为褐色，著名的秋色叶树种，适宜在园林中丛植、列植或孤植，也可成片林植。由于生长迅速，是郊区、风景区绿化的重要树种。

5. 核桃

科属　胡桃科 胡桃属

别名　胡桃

形态　树皮浅灰色，老时深纵裂；小枝粗壮，具片状髓心；叶痕猴脸形，叶迹 3；雌雄同株，雄花芽为裸芽；奇数羽状复叶，小叶 5~9，基部叶较小，幼叶叶背具油腺点（图 3-9）；花期 4~5 月，雄花为柔荑花序，雌花为穗状花序，核果球形，8~9 月成熟。

分布　原产波斯（现伊朗）一带，近年我国新疆伊犁发现有野生核桃林，传为汉代张骞引种。中国有 2000 多年的栽培历史，全国各地广为栽培，以西北、华北最为集中。

习性　喜光，也耐半阴；耐干冷气候，不耐湿热，能抗 –25℃低温，但幼苗期耐低温能力较差；深根性，不耐移植，肉质根，不耐积水；核桃为肥土树种，喜生于干燥肥沃、排水良好的微酸或微碱性土壤，不耐瘠薄、强酸或盐碱土壤。核桃种植 5~8 年开始结果，20~30 年达结果盛期。因其树液流动旺盛，一般在采果后落叶前进行修剪，休眠期不宜动剪。

图 3-9　胡桃

繁殖　播种、嫁接。

园林用途　核桃树冠庞大雄伟，枝繁叶茂，绿荫葱葱，果仁具有较高的营养价值，比较适宜作庭荫树、园景树；同时，花、果实和叶片所挥发出的气味具有杀菌和杀虫的作用，可用于风景疗养区；果可食用，是园林绿化结合生产的良好树种。

6. 鹅掌楸

科属　木兰科　鹅掌楸属

图 3-10　鹅掌楸

别名　马褂木

形态　树干挺拔，树冠圆锥形；树皮灰色光滑，小枝灰色或灰褐色，具环状托叶痕；顶芽细长，近无毛，叶痕近圆形，内具不规则叶迹；单叶互生，叶马褂形，各边 1 裂，向中腰部缩入（图 3-10）；花黄绿色，形状如郁金香，花被片 9；花期 4~5 月，聚合果由具翅小坚果组成，10 月成熟。

分布　自然分布于长江以南各省区，北京有引种栽培。

习性　喜光，耐寒性稍差，幼苗和新植苗木需防寒越冬，大苗在北京背风向阳处可露地越冬；喜温暖湿润及深厚肥沃的酸性或微酸土壤，不耐盐碱、低湿和过于干旱。

繁殖　播种、扦插。

园林用途　树形端正，叶片秀雅独特，花大而美丽，叶片秋季变为黄色，被称为世界五大行道树之一，适宜作行道树、庭荫树和园景树，孤植、列植或群植均可。由于抗寒性不强，北京适合栽植在机关单位、学校、居民小区等小环境中。

20 世纪 60 年代，南京林业大学叶培忠教授培育出了杂种鹅掌楸（鹅掌楸为母本，北美鹅掌楸为父本），树皮紫褐色，皮孔明显，花被外轮 3 片黄绿色，内 2 轮黄色；杂种优势明显，抗寒性优于母本，北京可露地越冬。

7. 山楂

科属　蔷薇科　山楂属

形态　落叶小乔木，树皮粗糙，暗灰色或灰褐色，通常有枝刺，有时无；冬芽红色，互生，叶 5~9 对，羽状深裂，托叶大而有齿，肾形（图 3-11）；花白色，呈顶生伞房花序，梨果近球形，红色有光泽；花期 4~5 月，果 9~10 月成熟。

变种山里红，别名大山楂，叶 3~5 对羽状浅裂，果实大，径 2.5cm，果味酸甜，食用效果好，近年园林中常见栽培。通常以山楂作砧木，嫁接繁殖。

图 3-11　山楂

2004年北京市园林科学研究院从荷兰引进欧洲山楂的栽培品种'红花'欧洲山楂，花粉红色，重瓣，花瓣30~35枚，梨果亮红色，径约1cm。

分布　产我国东北、内蒙古、华北、江苏等地，垂直分布在海拔100~1500m的山坡林地。

习性　喜光，稍耐阴，耐寒性强；不择土壤，耐干燥贫瘠环境，不耐水湿和盐碱，遇湿润而排水良好的沙质土壤生长最优；根系发达，萌蘖性强。

繁殖　播种、分株。

园林用途　山楂树冠整齐，春季白花繁茂，秋季红果挂满枝条，且秋色叶红色，花、果实和叶片均具观赏价值，可作庭荫树、园路树、坡地绿化树和绿篱栽培，是园林绿化结合生产的良好树种。

8. 合欢

科属　豆科 合欢属

别名　绒花树、马樱花、夜合欢

图3-12　合欢

形态　树冠开展呈伞形，树皮光滑，不裂或少裂，小枝有棱角；叶迹3，二回偶数羽状复叶，小叶10~30对，呈镰刀形，中脉偏向一侧，夜合昼展（图3-12）；花期6~8月，头状花序，花丝细长，粉红色，荚果扁平，9~10月成熟，熟时浅黄色。

分布　广泛分布在黄河流域至长江流域。

习性　喜光，也较耐阴，树皮薄，强光暴晒易开裂，庭园小气候环境于楼北栽植生长良好，可正常开花结实；抗寒性略差，越冬易抽条，不宜在风口处种植；对土壤要求不严，较耐干旱瘠薄，不耐水涝。合欢受风害抽条后，吉丁虫危害比较严重，多发生主干阳面，导致树势逐年衰弱，严重者甚至死亡，但楼北及庇荫环境下树皮光滑，极少受到危害。新中国成立前曾于道路上多次栽植合欢，均以失败告终。合欢腐烂病常伴随吉丁虫而发生，均需注意防治。

对多种有害气体有一定抗性，首钢厂区和化工二厂等污染区栽植植株，生长尚可，受害较轻，可于工矿区绿化种植。

繁殖　播种。

园林用途　合欢树姿优美，叶形雅致，盛夏丝状红花满树盛开，花叶交相辉映，形成轻柔舒畅的气氛，适宜作庭荫树、园路树，可植于林缘、草坪、山坡等地。

9. 刺槐

科属　豆科 刺槐属

别名　洋槐

形态　树皮灰褐色，人字形深纵裂，枝条具托叶刺；叶柄下芽，冬芽小，奇数羽状复叶，小叶 7~19 枚（图 3-13）；总状花序生于叶腋，下垂，花期 4~5 月，花白色，芳香，荚果小而扁平，熟时褐色。

分布 原产美国，17 世纪引入欧洲，20 世纪初从欧洲引入青岛，现全国各地广泛栽培。

习性 强阳性，耐寒，极耐干旱瘠薄土壤，可在石灰性及轻度盐碱土上正常生长，为荒山造林和粗放管理区首选树种。速生树种，3~9 年生之间为高生长最快时期。侧根发达，为浅根性树种，抗风力差，根系水平分布宽广，大部分分布在 20~40cm 深的表层土中，且水平根系滋生萌蘖能力强。不耐积水，不宜栽植在地下水位过高处。否则容易出现烂根、叶黄化、枝枯叶疏，生长衰弱甚至死亡的现象。对多种有害气体有较强抗性。

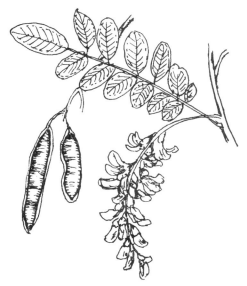

图 3-13 刺槐

繁殖 播种、分蘖、根插。

园林用途 刺槐树体高大，枝叶茂盛，春季繁花洁白素雅，芳香宜人，观赏兼食用均可，可作庭荫树和园路树。因其生长迅速，耐干旱瘠薄能力强，也可四旁绿化、荒山造林和工矿区栽植应用。

北京应用的红花刺槐，为杂种起源，花亮玫瑰红色，其他特征同刺槐，我国各地园林中常见栽培应用。

10. 国槐

科属 豆科 槐属

别名 槐、槐树

形态 树皮灰黑色，浅纵裂，小枝绿色，皮孔明显；冬芽小，叶柄下芽，奇数羽状复叶，小叶 7~17 枚；卵状椭圆形（图 3-14）；花白色，圆锥花序顶生，花期 7~8 月，荚果念珠状，熟时绿色，不落不裂，10 月成熟。

分布 原产我国北部，现南北各地广泛栽培。

习性 喜光，略耐阴，建筑物北侧种植长势稍差；耐严寒，也耐高温，南北均可种植生长；耐干旱瘠薄，不耐积水，水涝常造成叶片黄化、落叶，生长不良，甚至死亡。

深根性树种，对土壤通气要求不高，较耐密实土壤；根系穿透力强，坚实土层中仍能沿缝生长，当属北京最耐密实土壤的树种之一；对城市土壤适应性强，适生于北京碱性土壤（pH 值 7.5~8.5 上生长，工体北路测定 pH 值为 9.71，仍能生长），除煤灰、焦渣等渣砾含量过多、水分缺乏时生长不良外，一般城市夹杂物混杂的土壤上均可生长。

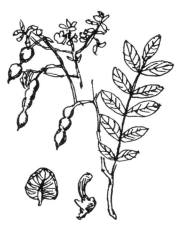

图 3-14 槐树

寿命长，北京古槐较多；耐烟尘，对二氧化硫、氯气和氯化氢等有害气体有较强抗性。

繁殖 播种、嫁接。

园林用途 槐树为北京市树，树冠宽广，枝叶茂盛，耐城市环境和有害气体强，适宜作庭荫树、行道树、园路树，或工矿区绿化种植，北京道路绿化应用所占比重较大。花富蜜汁，是夏季重要的蜜源材料。

槐树生命力强，寿命较长，在北京栽培历史悠久，据统计，百年以上古槐有 2280 株。如北海公园画舫斋古柯亭旁的古槐，相传为唐代所植，树高 12.5m，胸径 181.5cm；戒台寺门前的槐树，相传植于辽代，树高 9m，胸径 158.3cm。

变种有：

龙爪槐：树冠伞形，粗枝扭转弯曲，小枝绿色下垂。常以槐树作砧木进行高接繁殖。

五叶槐（蝴蝶槐）：小叶 3~5 枚，中间小叶常 3 裂，侧生小叶下部常有大裂片，叶背有毛，形状如蝴蝶，故又称蝴蝶槐。

紫花槐（堇花槐）：小叶 15~17 枚，叶背有蓝灰色丝状短柔毛；花的翼瓣和龙骨瓣常带紫色。

11. 臭椿

科属 苦木科 臭椿属

别名 樗树、椿树、白椿

形态 树皮光滑，老时偶有浅纵裂；小枝粗壮，无顶芽；叶痕盾形，叶迹 7~13，通常 9；奇数羽状复叶，小叶 13~25 枚，叶背基部具 2~3 腺点（图 3-15）；花杂性异株，圆锥花序顶生，翅果，成熟前绿色或略带红色；花期 5~6 月，果期 9~10 月。

分布 华北、华东、华中、华南及西北。

习性 适应性强，分布范围广；耐寒，也较耐热；耐干旱瘠薄能力较强，不耐水湿，但在渣土通气性好的条件下也耐积水。龙潭公园游泳池南部低洼处所植臭椿，雨季地面积水达一个多月的情况下，臭椿长势中等，但在黏重土壤中长期积水会导致烂根。

臭椿为深根性树种，抗风力强；对土壤要求不严，城市渣土中可正常生长，较耐盐碱，幼苗在含盐量

图 3-15 臭椿

0.6% 处仍可成活生长；萌蘖性强，生长快，一般雄株生长速度快于雌株；对烟尘污染、二氧化硫和一氧化碳抗性较强，适于工矿区绿化种植。

繁殖 播种。

园林用途 臭椿树体高大，冠型圆满，枝叶茂盛，春色叶红色，是优良的庭荫树和行道树，北京城郊庭院、公园、道路及四旁绿地广为栽植。由于臭椿适应性强，也可栽植于工矿区，或作为荒山造林的先锋树种。

变种有：

千头椿：分枝较多，树冠开展呈伞形，北京作为行道树应用较多。

红果臭椿：果实在成熟前为红色，成熟后变为褐色。

12. 火炬树

科属　漆树科　漆树属

别名　鹿角漆

形态　树皮黑褐色，稍具不规则纵裂；小枝粗壮，分枝少，髓心黄色；叶痕、叶迹均圆环状，奇数羽状复叶，小叶 11~31 枚；雌雄异株，顶生圆锥花序，花淡绿色，核果红色，聚合成火炬形果穗（图 3-16）；花期 5~7 月，果实 9 月成熟。小枝、叶轴、叶片、花和果实均密被绒毛。

图 3-16　火炬树

分布　原产北美洲，中国自 1959 年引入栽培，现华北、西北许多城市有栽培。

习性　喜光，适应性强。耐寒、耐旱，耐盐碱和瘠薄土壤，对二氧化硫污染抗性较强。浅根性树种，但侧根发达；生长快，寿命短，约 15 年后开始衰老，但自然根蘖更新强，是一种良好的护坡、固堤、封滩和固沙先锋树种。

繁殖　播种、分蘖。

园林用途　火炬树果穗红色，且形似火炬，秋色叶也变为红色，可谓如火如荼，是著名的秋色叶树种；因其抗逆性强，自然更新容易，常栽种在高速路两侧、工厂矿区、瘠薄坡地，或点缀山林秋色。

图 3-17　黄栌

13. 黄栌

科属　漆树科　黄栌属

别名　红叶

形态　树冠圆球形，小枝味苦，有短柔毛，髓心黄色；单叶互生，叶柄细长，叶近圆形或长圆形，先端圆或微凹，全缘（图 3-17）；花小，杂性，有多数不育花的紫绿色羽毛状细长花梗宿存，核果小，肾形；花期 4~5 月，果期 7 月。

分布　产中国西南、华北和浙江。

习性　喜光，也耐半阴，自然生长于背阴山坡；耐寒，耐干旱瘠薄和盐碱土壤，在岩石裸露的干燥阳坡上也能生长，但不耐水湿，低洼积水处易烂根；生长快，根系发达，萌蘖性强；对二氧化硫有较强抗性，对氯化物抗性差。

繁殖 播种、分株。

园林用途 黄栌春夏时节紫绿色不孕花丝宿存枝条，远观如万缕罗纱；秋季叶色变为红色或黄红色，北京香山著名的秋叶色树种，香山红叶即指本树种。园林中可丛植于草坪、土丘或山坡，也可作为荒山造林的先锋树种。

14. 元宝枫

科属 槭树科 槭树属

图 3-18 元宝枫

别名 平基槭

形态 树冠伞形或倒卵形，树皮浅纵裂；小枝浅黄色，有顶芽，叶痕间有连线；单叶对生，叶掌状 5 裂，有时中间裂叶又 3 裂，叶基多平截，少有心形，最下部两裂片有时向下开展（图 3-18）；花杂性同株，花期 4 月，花瓣 5，黄绿色，翅果似元宝，开张成锐角或直角。

分布 主产黄河中下游各省，东北南部、江苏北部及安徽南部也有分布，现华北各省市普遍栽植。

习性 弱阳性，喜侧方庇荫的湿润凉爽环境；耐寒性强，较抗风，不耐干热及强光暴晒，在本市城区植于公园、庭园内丛林中多生长良好，但地表辐射热较强或道路绿化的强烈日晒地段，常出现焦叶现象。据观测，元宝枫焦叶发生程度同年降雨量密切相关，一般在降雨量较少的年份，空气湿度及土壤含水量相应下降，城区元宝枫焦叶率增加。

深根性树种，但在底层渣土坚实路段根系分布变浅；萌蘖性强，生长速度中等；有一定的耐旱力，但不耐涝，土壤过湿易烂根；对烟尘污染和有害气体有一定抗性，适应城市环境能力强。

繁殖 播种。

园林用途 元宝枫叶形秀美，果实奇特，春色叶红色，秋色叶变为红色或黄色，是北方地区著名的秋色叶树种。可配植于堤岸、草地或建筑物附近，也可作荒山造林或营造风景林的伴生树种。

15. 栾树

科属 无患子科 栾树属

别名 灯笼树

形态 树冠近圆球形，树皮浅纵裂；小枝无顶芽，皮孔明显，具两枝条同时抽出的特性；叶痕心形，叶迹 3；1~2 回奇数羽状复叶，叶缘有锯齿或裂片，背面沿脉有毛（图 3-19）；花期

图 3-19 栾树

5~9月，顶生圆锥花序，花小，黄色；蒴果灯笼状，三角状卵形，边缘有膜质薄翅3片，种子球形，黑色。

栾树不同单株花期差异明显，根据近年物候观测，花期最早5月下旬，最晚9月，以6~8月开花植株最多，且不同单株花期长短不一。

分布　产我国中部及北部，以华北最为常见，多分布于海拔1500m以下的低山及平原。

习性　深根性树种，生长速度中等；耐寒性较强，耐干旱瘠薄，并能耐短期水涝；对土壤通气要求不严，较耐土壤密实，适于城区种植；对城市土壤适应性较强，在一般街巷渣土上生长良好。据在和平门中学测定，在地下20~100cm土层含焦渣量达80%处长势尚好，但在石灰渣土及三合土上生长明显衰弱；对烟尘污染抗性较强。

繁殖　播种为主，也可分根、根插。

园林用途　栾树树形端正，枝叶茂密而秀丽，春季嫩叶红色，可食，秋季叶片变为黄色，灯笼状果实秋冬宿存枝条，且花期正值少花的夏季，适宜作庭荫树、行道树和园景树。栾树对土壤要求不严，为北京城区主要行道树之一。

16. 柿树

科属　柿树科　柿树属

别名　朱果、猴枣

形态　树皮呈长方形块状裂，小枝被褐色柔毛；叶痕U形，叶迹1组，冬芽三角形，先端尖；单叶互生，叶大而有光泽，卵状椭圆形（图3-20）；雌雄异株，花黄白色或近白色，萼和花瓣均4裂；浆果扁球形或卵圆形，熟时黄色或红色。花期5月，果期9~10月。

分布　原产我国，分布较广泛。北自河北长城以南，南至沿海各省，西至陕西、甘肃均有分布。

习性　阳性树，庇荫环境下虽能正常生长，但着果量少，果质差；耐寒，北京地区遇极端天气冻害发生严重，据观测，2009年，北京骤然降温，极端低温为–16.7℃，造成大量胸径15cm以上柿树遭遇冻害，大多数从根茎处冻死。

图3-20　柿树

深根性，抗风力强；喜深厚肥沃土壤，也耐干旱；对城市渣土适应性强，于城市公园、庭院及道路、街巷各类渣土上栽植生长良好，耐土壤密实能力稍差。寿命长，结实早，对氟化氢有较强抗性。

繁殖　嫁接，通常以君迁子作砧木。

园林用途　柿树叶大，呈浓绿色而有光泽，入秋叶片变为红色，果实到秋季可食用，或落叶后仍悬挂枝头供于观赏，是园林绿化结合生产的良好树种，可作庭园树、行道树或园景树。

三、落叶灌木

1. 太平花

科属　八仙花科　山梅花属

图 3-21　太平花

别名　京山梅花、白花秸子

形态　丛生灌木，树皮栗褐色，薄片状剥落；小枝光滑无毛，常带紫褐色；冬芽不明显，叶痕心形，白色，叶痕间有连线，单叶对生，基出 3 主脉，缘有疏齿，叶柄略带紫色（图 3-21）；花白色，4 瓣，有香味，5~9 朵成总状花序，花期 6 月；蒴果陀螺形，4 裂，10~11 月成熟。

分布　产我国北部及西部，北京山地有野生，各地庭园常见栽培。

习性　喜光，也较耐阴，楼北及树荫下栽植可开花，但花期稍晚；耐寒，抗风，能耐干旱瘠薄土壤，但不耐积水。

繁殖　播种、分株、压条、扦插。

园林用途　本种花白色，淡雅清香，花期持久，多朵聚集，具有悠久的栽培历史。故宫御花园中的太平花，相传为明代所植。可丛植于建筑物前、林缘或草地中，也可作自然式花篱或中心花坛材料，或古典园林中点缀于假山石旁。

2. 棣棠

科属　蔷薇科　棣棠属

形态　丛生。小枝绿色光滑，具隆起条纹；冬芽红色，单叶互生，叶卵状椭圆形，边缘有重锯齿，背面略有短柔毛（图 3-22）；花黄色，单瓣或重瓣，径 3~4.5cm，单生于侧枝顶端；瘦果黑色，萼片宿存，但很少结实。花期 4~5 月，花量大，6~11 月仍有少量花开。

分布　原产中国和日本，我国黄河流域至华南、西南均有分布。

习性　喜光，耐半阴；在庇荫环境能正常生长，但花期推迟，花量少；抗寒性较弱，畏风寒，北京冬季常出现抽条，以风口比较严重，背风处表现稍好；喜富含腐殖质的酸性土，但在本市有机质含量少而偏碱的城市土壤上栽植仍较适应。

图 3-22　棣棠

繁殖　分株、扦插为主，也可播种。

园林用途　棣棠枝、叶、花俱美，花开春季，花量繁多，盛花后每生新梢即有花开，直至 11 月，具有连续开花的特点。可丛植于林缘、草地、坡地、水畔和墙际，或作花篱、花径，或与假山石配植。冬季落叶后枝条碧绿，与红瑞木搭配种植，观枝效果较佳。

3. 珍珠梅

科属　蔷薇科　珍珠梅属

别名　吉氏珍珠梅

形态　高 2~3m，小枝淡黄色；冬芽红色，螺旋状互生；奇数羽状复叶，13~21 枚，卵状披针形，长 4~7cm，缘具重锯齿（图3-23）；花小而白色，蕾时如珍珠，呈顶生圆锥花序，花期 6~9 月，蓇葖果 5 裂。

分布　产我国北部，冀、晋、鲁、豫、陕甘、内蒙古均有分布，垂直分布于 200~1300m 的山上及杂木林中。

习性　喜光又耐阴，庇荫环境和建筑物北侧均能正常生长和开花，仅物候期稍微推迟，园林中常作耐阴树种配植应用；强光下虽花期早，但夏季新梢易灼伤。耐寒，萌蘖性强，耐修剪，对氯气及氯化氢等有害气体抗性较弱。

对城市渣土适应性强，在东单公园，煤灰渣土含量 50% 以上处栽植尚能存活生长；较耐干旱，在湿润排水良好疏松土壤条件下生长较快，在城市渣土条件下存活能力虽强，但生长较慢。

图 3-23　珍珠梅

繁殖　分株、扦插。

园林用途　生长茂盛，花蕾如珍珠，盛开时节又酷似梅花，故得名珍珠梅。花期长，又值夏季少花季节，是很好的夏季庭院观赏花灌木。耐阴，在庇荫处、房后栽植亦不错，适于荫地栽培应用。常丛栽于建筑物北侧、草地边缘、林下、路旁或水边。

4. 木槿

科属　锦葵科　木槿属

别名　篱障花、木棉、朝开暮落花

形态　灌木为主，稀小乔木，树皮、小枝灰色柔软，幼时有柔毛，后渐脱落；冬芽先端钝，常膨大呈球形单叶互生，叶菱状卵形，常 3 裂，叶基 3 主脉明显，缘具粗齿或缺刻（图3-24）；托叶条形，常脱落；花单生叶腋，单瓣或重瓣，有紫、红、白和蓝等色，朝开暮落，蒴果；花期 6~9 月，果 9 月成熟。

分布　原产亚洲东部，我国自东北南部至华南各地均有栽培。

习性　喜光，能耐半阴；喜温暖湿润气候，也较耐寒；耐干旱瘠薄土壤，但不耐积水，萌蘖性强，耐修剪，对烟尘、二氧化硫和氯气有较强抗性。

繁殖　播种、扦插、压条。

图 3-24　木槿

园林用途 木槿花期夏季，花大而美丽，并且有许多不同花色、花型的变种和品种，观赏特性优良，适宜丛栽于草坪、路边或林缘，也可作围篱或工厂区绿化种植。

图 3-25 紫薇

5. 紫薇

科属 千屈菜科 紫薇属

别名 痒痒树、百日红、满堂红

形态 树干薄片状脱落后光滑无皮，小枝四棱，有狭翅；单叶对生或近对生，叶椭圆形或卵形，全缘，近无柄（图3-25）；顶生圆锥花序，花鲜红或紫红色，花瓣6，皱波状或细裂状，花期6~9月，近100天，故又得名"百日红"；蒴果6瓣裂，10~11月成熟。

变种有

银薇：花白色，幼叶及叶背呈淡绿色。

翠薇：花紫堇色，叶色暗绿。

分布 主产华东、华南及西南，现各地普遍栽培。

耐寒性不强，小气候条件下生长良好，迎风口和开敞处需防寒越冬；耐干旱和盐碱能力强，但不耐积水。

对城市渣土适应性较强，较耐土壤密实，但在石灰渣砾较多地段生长较差。萌蘖性强，生长慢，寿命长。

繁殖 播种、扦插、分蘖。

园林用途 紫薇干皮光滑洁净，用手抚摸后上面小枝摇曳，有怕痒而动的说法，故称作"痒痒树"。花色艳丽，花开于夏季少花季节，从6月开至9月，故有"谁到花无红百日，此树常放半年华"的诗句。秋季叶片变为红色或黄色，秋色叶树种。适宜栽植于庭院或建筑物前，也可植于池畔、草坪或林路边。

6. 红瑞木

科属 山茱萸科 梾木属

形态 丛生，小枝血红色，皮孔明显，髓心大而呈白色；伏芽对生，叶卵形或椭圆形，全缘，侧脉5~6对（图3-26），叶表暗绿色，叶背粉绿色；花黄白色，较小，成顶生伞房状聚伞花序，核果熟时白色；花期4~5月，果8~9月成熟。

变种有

金边红瑞木：叶缘金黄色。

银边红瑞木：叶缘银白色。

分布 东北、内蒙古、河北、山西、山东等地均有分布。

图 3-26 红瑞木

习性 喜光，稍耐阴，栽种于庇荫环境下能正常生长；耐寒性强，只是由于枝条髓心大，组织疏松，冬季迎风处受冬春干冷风影响较大，常发生稍条现象，严重者甚至死亡。

耐水湿和盐碱能力强，在青年湖地下水位仅 40cm，根际土壤含盐量 0.14%，表层土壤出现 2mm 厚的氯化钠白霜的环境中，红瑞木虽长势较差，但仍能存活。

对城市渣土有一定适应能力，但由于根系分布浅，须根较多，对城区土壤密实适应性较差，须采取松土措施。对有害气体抗性较差，不宜在工矿区绿化种植。

繁殖 播种、扦插、分株、分蘖。

园林用途 红瑞木花白果白，枝条终年红色，尤以秋冬落叶后更为亮丽醒目，秋色叶也变为红色，若与棣棠、青桐等绿枝树种搭配种植，冬季再衬以白雪，观赏效果更佳。可丛植于庭园草坪、建筑物前或常绿树间，也可作自然式绿篱，观赏红枝与白花白果；同时，因其根系发达，又耐水湿，可作护岸固土材料，应用于河边、湖畔和堤岸上。

7. 连翘

科属 木犀科 连翘属

别名 黄寿丹、绶丹、黄花杆

形态 丛生，呈拱形下垂姿态；髓心中空，小枝土黄色，近四棱形，皮孔突出；叶痕略隆起，芽单生、并生或叠生；叶半革质，单叶或 3 小叶对生，叶缘有锯齿（图 3-27）；花黄色，1~3 朵生于叶腋，叶前开放，蒴果长椭圆形；花期 3~4 月，果 7~8 月成熟。

分布 产我国北部、中部及东北三省，现广泛栽培应用。

习性 喜光，也较耐阴，耐寒，耐旱，但怕涝；对土壤要求不严，耐瘠薄能力强；抗病虫害。

繁殖 扦插、压条、分株、播种，以扦插为主。

园林用途 连翘姿态拱形下垂，早春先花后叶，满株金黄，尤为亮丽醒目，是北方常见的观花灌木。园林中可丛植于草坪、角隅、岩石假山、路边等作基础种植，也可作花篱应用。如以常绿树做背景，大面积栽植应用，金黄花色更加夺目耀眼。

图 3-27 连翘

8. 丁香

科属 木犀科 丁香属

别名 紫丁香、华北紫丁香

形态 灌木或小乔木，高可达 5m；小枝粗壮无毛，假二叉分枝；单叶对生，叶广卵形，通常叶宽大于叶长，基部多楔形，全缘（图 3-28）；冬芽饱满，红褐色，有顶芽；圆锥花序顶生，花紫堇色，4 瓣，蒴果椭圆形；花期 4 月，果 8~9 月成熟。

分布 华北、东北南部、西北和西南各地均有分布。

习性 喜光，稍耐阴，但背阴处花量少或无花；耐寒、耐旱，忌低湿；对烟尘污染有一定抗性。

图 3-28 丁香

繁殖 播种、扦插、嫁接、分株、压条均可。

园林用途 丁香树势强健，枝叶茂盛，花美而香，是我国北方地区重要的绿化花灌木。广泛栽植在庭园、机关、厂矿、小区等地。常丛植于建筑前、园路旁、林缘或草坪之中，也可与其他种类丁香配植成专类园，丰富花色，延长花期，形成优美的景观效果。

9. 迎春

科属 木犀科 茉莉属

别名 金腰带、小黄花

形态 丛生，小枝绿色，四棱形，呈拱形下垂姿态；3 小叶对生，幼枝基部有单叶，叶卵形至矩圆状卵形，边缘有短睫毛（图 3-29）；先花后叶，花黄色，6 瓣，单生于两年生枝条上，较少结果；花期 3~4 月。

分布 产我国北部、西南和西北，现各地普遍栽培。

习性 喜光，亦耐阴；耐寒，耐旱，怕涝；对土壤要求不严，耐盐碱，城区渣土中生长尚好。病虫害少，耐粗放管理。

繁殖 扦插、压条、分株。

园林用途 迎春枝条拱垂飘洒，色泽鲜绿，冬季极具观赏特性。开花早，为北京地区开花较早的灌木之一，寓意迎来春天。对环境要求不严，强光或背阴下均可正常生长，可于岸边、林缘、路旁、坡地等栽培应用，也可栽植在岩石园内、假山石旁。

图 3-29 迎春

10. 金银木

科属　忍冬科　忍冬属

别名　金银忍冬、马氏忍冬、马尿树

形态　灌木或小乔木，树皮灰色，薄带状纵裂；髓心中空，小枝灰色，幼时有短柔毛；单叶对生，全缘，两面疏生柔毛，叶卵状椭圆形至卵状披针形（图3-30）；花成对生于叶腋，花冠唇形，初开时白色，后期变为黄色，浆果合生，熟时红色；花期4~5月，果9月成熟。

分布　分布广，华北、华中、华东及西北西部、西南北部均有。

习性　喜光，也较耐阴，荫下环境生长良好，唯花期推迟，花量较光照充足处有所减少，常被列为北京耐阴灌木之一；耐寒、耐旱、抗风，并较耐干热；耐粗放管理，病虫害少。

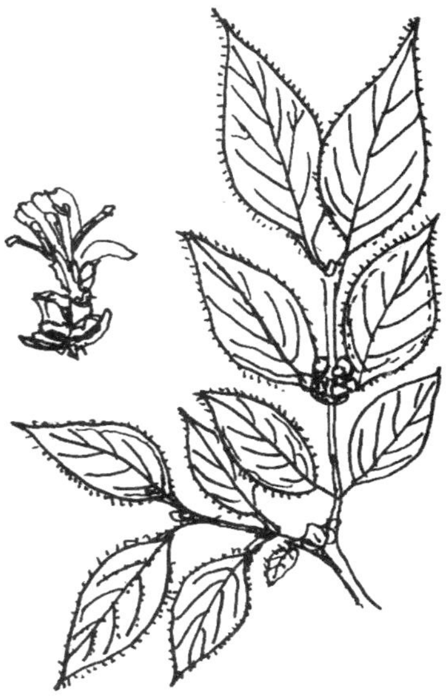

繁殖　播种、扦插。

园林用途　树势强健，枝叶丰满，初夏开花有芳香，秋季红果挂满枝条，晶莹剔透，经冬果实不落，观果期长，是本市优良的观花、观果耐阴灌木，且病虫害少，管理粗放，可孤植或群植于路边、林缘，或行植、自然配植于楼北庇荫处、路边绿带或分车带。

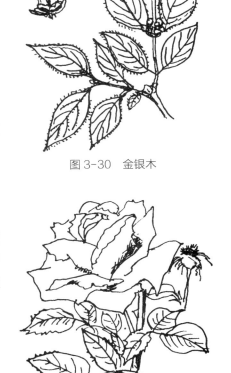

图3-30　金银木

四、藤木

1. 藤本月季

科属　蔷薇科　蔷薇属

形态　钩攀类藤木，枝条粗壮，具皮刺；奇数羽状复叶，小叶5~9枚，叶革质（图3-31）；5月首次开花，花量大，之后连续开花至11月份，但后期花量少；藤本月季品种多，花色丰富；蔷薇果，花后适当疏除果实能增加花量。

分布　全国各地广为栽培应用。

习性　喜光，品种间抗寒性存在差异，北京地区常见栽培品种有金秀娃、光谱、至高无上、多特蒙德、红帽子等；对土壤要求不严，抗有害气体能力强，北京环路中间隔离区种植生长良好。

图3-31　藤本月季

繁殖　扦插、嫁接。

园林用途　藤本月季品种多，花量丰，花期长，并且适应性强，抗污染和汽车尾气能力强，栽植初期需借助人工绑缚才能攀爬，后期较耐粗放管理。藤本月季是北京环路隔离区初

图 3-32 紫藤

夏至冬初的主要景观。北京常见棚架或隔离区栽培应用，也可用作墙面攀援材料。

2. 紫藤

科属 豆科 紫藤属

别名 藤萝

形态 缠绕类藤木，茎左旋性。小枝灰色，缠绕性生长，伏芽互生；奇数羽状复叶，小叶 7~13 枚，幼叶两面具短柔毛，全缘（图 3-32）；总状花序下垂，花紫色或淡紫色，荚果扁平，基部细，先端宽，密生黄褐色绒毛，种子黑色，扁圆形；花期 4~5 月，先花后叶或花叶同放，果 10 月成熟。

分布 原产中国，适生范围广，现南北各地广为栽培应用。

习性 喜光，也耐阴；较耐寒，北方以背风向阳处栽植为宜；耐干旱瘠薄土壤，有一定耐水湿能力；生长快，寿命长；主根深，侧根少，不耐移植；抗二氧化硫、氯及氯化氢能力强。

繁殖 播种为主，也可扦插、分株和压条繁殖。

园林用途 紫藤花期长，有香气，盛开时串串紫花挂满全树，繁花似锦，刹似醒目。由于其茎缠绕性强，北方常用作棚架、门廊和枯树绿化材料，南方也有修剪成灌木状栽培应用。

3. 地锦

科属 葡萄科 爬山虎属

别名 爬山虎、爬墙虎、中国地锦

形态 吸附类藤木。具吸盘和卷须，卷须短，多分枝；单叶互生，叶片广卵形，基部心形，常 3 裂，或为掌状 3 小叶（图 3-33）；聚伞花序生于短枝上，花黄绿色，浆果球形，熟时蓝黑色；花期 5~6 月，果 9~10 月成熟。

分布 产我国东北南部至华南、西南地区。

习性 耐半阴，不耐干热，立体绿化以北侧和东侧生长良好，南侧和西侧阳光暴晒处易焦叶枯枝；吸盘吸附力强，不需借助外力即可攀援而上；耐土壤密实和干旱能力强，抗二氧化硫能力强。

图 3-33 地锦

繁殖 播种、扦插或压条。

园林用途 地锦秋季叶片变为红色，且变色早，是优良的秋色叶藤本植物；吸盘吸附力强，可攀援于墙体、山石、枯干、道桥等立面生长，也可用于山路的护坡绿化。

4. 美国地锦

科属　葡萄科 爬山虎属

别名　五叶地锦

形态　吸附类藤木。具吸盘和卷须，卷须 5 个以上分支，顶端有吸盘；掌状复叶，小叶 5，卵状椭圆形，缘具粗齿（图 3-34）；聚伞花序汇集成圆锥花序，花黄绿色，浆果球形，熟时蓝黑色；花期 6~7 月，果期 9~10 月。

分布　原产美国，我国引种栽培较广。

习性　喜光，也耐阴；耐干旱瘠薄土壤，对二氧化硫和烟尘污染有较强抗性；吸盘吸附能力较差，适用于立交桥，或坡面绿化，或与地锦混合栽植。

繁殖　播种，扦插或压条。

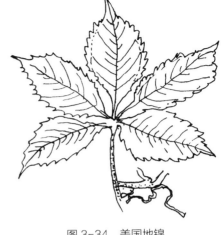

图 3-34　美国地锦

园林用途　美国地锦秋叶红色，尤以光照充足处叶色亮丽红艳；吸盘吸附力弱，多用于立交桥、低矮墙面或地面水平绿化；由于叶量大于地锦，通常二者混种，借助地锦的吸盘攀援生长，用于山石、枯干绿化。

第四章　园林花卉

第一节　概述

一、花卉的概念

花卉有广义还有狭义的概念。狭义的花卉是指具有观赏价值的草本植物，如常见的菊花、芍药、鸡冠花、大丽花、美人蕉等。随时代的进步，科技文化的发展，花卉学的含义也在不断延伸。广义的花卉是指具有观赏价值的植物，除了观赏价值的草本植物外，还包括草本和木本的地被植物、花灌木、开花乔木以及盆景等，如沿阶草、麦冬、苔草等地被植物，梅花、桂花、月季、桃花等乔木及花灌木。

二、花卉栽培的作用

（一）在园林绿化中的作用

花卉为园林绿化的重要材料。花坛、草坪及地被植物所覆盖的地面，不仅绿化、美化了环境，还起到防尘、杀菌和吸收有害气体等作用。大面积的地被植物，可以防止水土流失、保护土壤。大力推行园林绿化，植树种草，改善和恢复我们的生存环境，已成为刻不容缓的事业。

（二）在文化生活中的作用

花卉业的发展受社会政治经济的制约，也受文化素养的影响。较高层次的文化素养导致人们认识到，花文化是与精神文明建设密切联系的。随着经济发展，人们生活水平的提高，人们对花卉的需求日益增加。人们不仅满足于园林绿地赏花，还要进行室内美化，或用以增加活动氛围。同时，花卉还富有教育意义，有助于人们了解自然、保护自然。

（三）在经济生产中的作用

栽培花卉不仅可以满足人们生活中对各种花卉的需要，还可输出国外赚取外汇，不仅有广泛的社会效益和环境效益，还有巨大的经济效益。如漳州水仙、兰州百合、康乃馨等。许多花卉除了观赏价值外，还具有药用价值、食用价值，是重要的经济植物。

三、我国花卉资源概况

（一）我国花卉资源特点

我国地域辽阔、地势起伏，纬度跨度大，北纬10°至北纬55°，其延长线达万余公里，有热带、亚热带、温带和寒温带等不同的气候类型，故蕴藏着丰富的花卉资源，大约有 3.5 万种高等植物，是世界上花卉种类和资源最丰富的国家之一，素有"园林之母"之称。牡丹、芍药、山茶、杜鹃、梅花、菊花、水仙、荷花、桂花及兰花，是我国的传统花卉，仅杜鹃花就有 600 种，世界总数约 900 种，除新疆、宁夏外，几乎各省均有分布，而以西南山区最为集中。在世界 500 种报春花中，我国有 390 种，野生报春花遍及云贵高原和松辽平原。世界 400 种龙胆中，我国约有 320 种，百合更占有世界百合种类的 60%。

资源越丰富，越能创造出新的品种，我国近年来逐步增加特有资源的保护程度，各地在资源调查、珍稀品种的繁育等方面都做了大量的工作。

（二）我国花卉资源开发应用情况

我国不仅是一个花卉资源丰富的国家，而且栽培历史悠久。在战国时期已有栽植花木的习惯，至秦汉间所植名花异草更加丰富，其中梅花即有侯梅、朱梅、紫花梅、同心梅、胭脂梅等很多品种。西晋已有茉莉、睡莲、菖蒲、扶桑、紫荆的产地、形态及花期的记载，晋代已开始栽培菊花和芍药。至隋代，花卉栽培渐盛，此时芍药已广泛栽培。至唐代、宋代，花卉的种类和栽培技术均有较大发展，有关花卉方面的专著不断出现。盆景为我国首创，开始年代应为唐代以前。清代国外的大批草花及温室花卉输入我国。我国不仅是许多名花的原产地，我国劳动人民在长期生产实践中又培育出许多新的栽培品种，如菊花，在明代即有 300 多个品种，时下已达 7000 多品种。

随着经济的发展及对花卉业的重视，越来越多的生产者、科研人员、经营者加入到花卉行业中来。近年来，花卉业以前所未有的速度得到发展，花卉生产数量不断增加、生产设备不断提高、产品质量不断提升。科研专家及爱好者所培育的新品种不断涌现，如牡丹、月季及草花等。由于花卉市场需求增加，销售数量逐年加大，销售种类有种子、种球、切花、盆花、种苗等。

（三）我国花卉对世界园林的贡献

自 19 世纪大批的欧美植物学工作者来华搜集花卉资源，大量的资源开始外流。100 多年来，仅英国爱丁堡皇家植物园栽培的中国原产的植物就达 1500 种之多。威尔逊自 1899 年开始，先后 5 次来华，搜集栽培的野生花卉达 18 年之久，掠去乔灌木 1200 余种，还有许多种子和鳞茎。在英国的一些专类园，如杜鹃园中收集了全世界该属植物 28 种，其中 11 种和变种来自中国。北美引种的中国乔灌木就达 1500 种以上，意大利引种的中国观赏植物也约1000 种，已栽培的植物中德国有 50%、荷兰有 40% 来源于中国。

在育种方面，如蔷薇类育成许多品种中都含有月季、香水月季、玫瑰、木香花、黄刺玫、峨眉蔷薇的血统。茶花类如山茶变异性强，云南山茶花大色艳，两者进行杂交也培育了许多新品种。花灌木类如六道木、醉鱼草、绣线菊、紫丁香、锦带花灯属，草本如乌头、射干、菊花、萱草、百合、翠菊、飞燕草、石竹、龙胆、绿绒蒿、报春花、虎耳草属中都有些种为世界各地引种或作为杂交育种的亲本。

（四）我国花卉业发展前景

花卉业已成为世界新兴产业之一。尽管我国花卉事业形势喜人，但同先进国家相比，还有很大差距。我国花卉资源丰富，具得天独厚的资源优势，如能使其充分开发利用，我国花卉业将有巨大发展。近年来我国特有的、观赏性高的野生资源得到了很好的保护和利用。有的直接引种，有的需经驯化，有的可作为培养新品种的亲本材料。如北京植物园已成功引种并扩繁了大量的大花杓兰。

我国花卉栽培生产技术相对落后，这已引起政府和不少花卉科研单位的重视，积极开展新技术、新品种、新设备的引进和培训，以利我国花卉生产技术的发展和生产设备的改进。花卉种类繁多，要求的生育条件各异，因此选择适宜地区，建立某种花卉的生产基地是发展花卉生产的重要措施，建立整套生产业务，各个环节相互配合。

第二节　花卉的分类

花卉种类繁多，形态各异，范围甚广，不但包括开花植物，还有苔藓和蕨类植物。当前园林中所应用的花卉，绝大部分都是经过长期杂交选育而成的优良栽培种或品种。众多花卉分布地区的自然条件各不相同，因此，还需人为地创造适合不同花卉所需的生态环境。为此，我们按花卉生态习性、观赏部位及用途等进行分类。

一、按生态习性分类

这种分类方法是依据花卉的生活型与生态习性进行的分类，应用最为广泛。

（一）露地花卉

能够在自然条件下，完成全部生长过程，不需保护地栽培，如需提前开花，可在早春利用温室或阳畦育苗的也属此范围。可分为以下几类。

1. 一、二年生花卉

为一年生花卉与二年生花卉的总称，即在一、二年内完成全部生活史。一年生花卉，通常春季播种，秋季开花结实，然后枯死，即在一年内完成全部生活史。一年生花卉常常在春季播种，因此又叫春播花卉。其原产地大多数在热带、亚热带地区，性喜高温，遇霜冻即死亡，如常见的鸡冠花、百日草、中国凤仙、翠菊、彩叶草、非洲凤仙等。一年生花卉常常用于"十一"花坛布置。

二年生花卉，通常在秋季播种，当年只进行营养生长，第二年春夏季开花、结实、死亡，实际生活时间不足一年，但跨越了两个年头，故又称越年生花卉。这类花卉有一定的耐寒力，但不耐高温，大都是长日性植物，在春夏日照增长后迅速开花。如三色堇、金盏菊、石竹、瓜叶菊、报春花、雏菊等。二年生花卉常用于"五一"花坛布置。

另外，一些原产热带、亚热带的花卉，在原产地能够存活 2 年以上，但在温带、寒温带则不能露地越冬，因此常常作为一、二年生花卉栽培。

2. 宿根花卉

为多年生草本花卉，园艺上指能生存 2 年以上的草本植物总称。这类花卉自春天开始发芽生长，夏秋季节开花、结实、冬季地上部分枯干，地下部则进入休眠，待度过不良环境后，次春又重复生长发育，如此可重复多年，一般表现为耐寒性强。如小菊、玉簪、萱草、日光菊、大花秋葵等。

宿根花卉由于多数种类的雌雄蕊瓣化而不结实，或种子不成熟，或发芽后生长缓慢，因此大部分宿根花卉都以分株繁殖为主。凡属早春开花的种类，往往适宜在秋季或初冬进行分根，如芍药、荷包牡丹、鸢尾等。而夏秋开花的种类则多在早春萌动前进行分株，如桔梗、萱草、八宝景天等。有的种类也可以在生长期掰取茎上的腋芽或嫩茎进行扦插繁殖。有的种类也可以采用播种繁殖，但必须保证在不失去其优良的观赏性状的前提下进行。通常是需要在短时间内得到大量的种苗，或者是为了培育新品种，先利用杂交育种的方式得到种子而后进行播种。宿根花卉的主要优点：

（1）生活力强　一次栽植后可多年生长，管理简单，便于大面积种植，且很快会形成万紫千红的气氛。

（2）种类多　种类繁多，形态各异，有的低矮，有的高大。因此用途广泛，可用作花境、花坛、花带、花丛、地被等。

（3）类型多　依据宿根花卉对不同生态环境的适应，可将其分为多种类型，如耐旱型、耐湿型、耐阴型及耐瘠薄型等，因此可以有选择地用于不同环境的美化和绿化。

（4）有自播繁衍的习性　许多宿根花卉能利用自身的根茎或种子自行繁衍，因而省去人工繁衍。

3. 球根花卉

多年生花卉中有一部分根茎膨大，形态不一，同时开花又非常艳丽的种类，在园艺上将它另划为一类，统称为球根花卉。凡是生长期能在露地生存的则称为露地球根花卉（在北京部分球根花卉仍需入冬前将球根挖起，置于室内越冬的也属于此类）。

由于球根花卉的生长习性不同，栽植时间也有所区别，一般分为 2 种类型：凡是春季栽植于露地，夏季开花、结实，秋季气温下降时，地上部分即停止生长并逐渐枯萎，地下部分进入休眠状态者，称为春植球根花卉，如美人蕉、唐菖蒲等。春植球根花卉的原产地大多在热带、亚热带地区，故生长季节要求高温环境，其耐寒力较弱。凡是秋季栽植于露地，其根茎部在冷凉条件下生长，并度过一个寒冷冬天，翌年春季在逐渐发芽、生长、开花者，称为秋植球根花卉，如百合、郁金香等。这类球根花卉的原产地大多为温带地区，因此耐寒力较强，却不适应炎热的夏季。

根据球根花卉地下膨大部分形态不同，可分为 5 种类型：鳞茎、球茎、块茎、根茎、块根。前四者为茎变态，后者为根变态。

（1）鳞茎　茎部短呈圆盘状，上部有肥厚的鳞片状的变态叶，鳞片叶内贮藏着丰富的养分供植物初期生长用。其圆盘茎的下部发生多数细根，而上部鳞片间则抽生叶及花茎。如郁金香、百合、水仙等。

（2）球茎　为变形的地下茎，呈扁球状，较大，其上有节，节上有芽。当植株开花后，球茎的养分耗尽逐渐枯萎，而在球茎上部所长的叶基处有膨大另长出新球取而代之。如唐菖蒲、小苍兰等。

（3）块茎　为变形的地下茎，外形不整齐，块茎内贮藏着大量养分，其顶端存在的芽翌年成为苗。如仙客来、球根海棠、白头翁等。大部分有块茎的种类其块茎为多年生，虽然顶端有多数发芽点，但自然分球繁殖力很小，因此常常以播种繁殖为主。此外晚香玉是鳞茎状块茎，其上部具有鳞片状茎，但着生在一块较大的块茎上，因此通常仍将其划为块茎类。

（4）根茎　指延长横卧的根状地下茎，其内贮藏着养分。在地下茎的先端生芽，翌年抽生叶及花茎，其下方则生根。根茎上有节及节间，每节上也可以发生侧芽，如此形成更多的株丛，而原有的老根茎逐渐萎缩死亡。如美人蕉、荷花等。

（5）块根　地下部肥大的根，无芽，繁殖时必须保留旧的茎基部分，又称块冠。翌年春天在根冠四周萌发出许多嫩芽，利用嫩芽或掰芽扦插或连芽及块根一起分割后另行栽植使成为新株。如大丽花、花毛茛等。

4. 水生花卉

园林中一部分多年生或球根花卉，因其生长在沼泽或潮湿地带，因此往往又另列水生花卉范畴，如荷花、睡莲、千屈菜、水葱等。水生花卉大多为草本花卉，根据生长期所需水量的多少，又分为挺水植物（其根生于泥土中，茎叶挺出水面，如荷花、鸢尾等）、浮水植物（其根生于泥土中，叶片浮于水中或略高于水面，如睡莲、王莲等）、沉水植物（根生于泥土中，茎叶全部生长在水中，如狐尾藻、水车前等）、漂浮植物（根生长在水中，叶片漂浮在水面，可以随水流动，如浮萍）。其中前两者多属于高等植物，故常用于园林绿化湿地栽植。后两者自生于广大水域，通常不作为水景绿化材料。

高等水生植物主要分布在 120cm 的水中，其中 60~100cm 为宜。过深则水中氧气含量减少，对植物的生长不利。

水生花卉的繁殖多以分根为主，很少采用播种法。一些耐寒种类则可以在水中越冬，而半耐寒的种类则每到秋后或结冰前提高水位，使根部在冰层下越冬。若少量栽植则可以挖出后在不结冰的温室越冬，甚至全年都在温室生长。

5. 木本花卉

具有木质化的茎干，并且枝条低矮、瘦弱。可以作盆栽观赏的花灌木类。木本花卉为多年生花卉，寿命很长，可以用作庭院绿化及盆栽观赏。如牡丹、月季、紫薇、丁香等。

木本花卉可以采用播种、扦插、嫁接、压条等方法繁殖。木本花卉的耐寒性通常较强，但第一年栽植时，部分花卉仍然需要采取防寒措施。

（二）温室花卉

原产热带、亚热带温暖地区，北方地区需要在温室内栽培或冬季需要在温室内越冬的花卉。由于地区不同，温室花卉的种类也不同，如棕榈、扶桑等在广州、昆明等地为露地花卉，但在北京则属于温室花卉。

1. 草本盆花

凡有观赏价值的草本植物，需在温室内养护管理的均在此范围，包括一、二年生草本花卉，如蒲包花、瓜叶菊、香豌豆等。多年生草本花卉，如菊花、兰花等。球根花卉，如朱顶红、仙客来等。阴生观叶植物，如椒草、龟背竹、蕨类植物等。

2. 木本盆花

包括盆栽后需在温室内养护管理的具有观赏价值的木本植物。由于各种花木生态习性不同，所放置养护的温室类型也有所区别。如高温温室内适宜的花木有叶子花、扶桑、变叶木等。中温温室内适宜的花木有白兰花、茉莉、橡皮树等。低温温室内适宜的花木有茶花、杜鹃、棕榈、铁树等。

3. 仙人掌类及多肉植物

多为多年生草本和木本，有少数属一、二年生草本。通常包括仙人掌科、番杏科的全部种类及大戟科、百合科、景天科、龙舌兰科及萝藦科中相当一部分种类。还有少量属于菊科、马齿苋科、凤梨科、鸭跖草科等数十个科。

二、按观赏部位分类

（一）观花类

以观花为主，多为花色艳丽、花型奇特，观赏性强的木本或草本植物，如杜鹃、扶桑、菊花、牡丹、山茶、仙客来等，多数的一、二年生草花均属此类。

（二）观叶类

以观叶为主，叶色为彩叶或带斑，叶型奇特，观赏期长。如紫叶槿、紫叶李、金叶榆等，在生长季均为彩色。花叶芋、花叶木槿、花叶常春藤等，叶色均有色斑。随季节变化不断变换颜色的有雁来红、黄栌、元宝枫等。叶型奇特的有龟背竹、灯芯草、文竹、苏铁等。

（三）观茎类

以观茎为主，多指那些茎干有特色的植物，如佛肚竹、光棍树、红瑞木等。

（四）观果类

以观果为主，多为挂果时间长、果形奇特或果色鲜艳的种类，如金橘、佛手、冬珊瑚、火棘等。

还有个别具有某种特色的植物，如银柳为观芽植物，叶子花观红色的苞片，马蹄莲、安祖花观其彩色的佛焰苞。部分海棠品种，夏季可观花、秋季可观果。

三、按应用形式分类

（一）花坛花卉

用来布置花坛的花卉。一般以一、二年生花卉为主，包括部分盆栽花卉。如四季海棠、非洲凤仙、三色堇、矮牵牛、一串红、天竺葵、长春花等。

（二）盆栽花卉

以盆栽形式装饰空间，美化环境。如仙客来、红掌、一品红、杜鹃、瓜叶菊、蝴蝶兰、大花惠兰、杜鹃等。

（三）切花花卉

以生产切花为主的花卉，用于制作花篮、花束、插画等花卉艺术品，如百合、月季、非洲菊、唐菖蒲、小苍兰等

（四）庭院花卉

用于布置庭院的花卉，包括木本、宿根及部分草花及水生花卉，如牡丹、芍药、芙蓉葵、蜀葵、月季、荷花、睡莲等。

第三节　露地花卉的栽培管理

花卉的生命活动过程是在各种环境条件综合作用下完成的。为了使花卉生长健壮，姿态优美，必须满足其生长发育需要的条件，而在自然环境下，几乎不可能完全具备这些条件。因此花卉生产中常采取一些栽培措施进行调节，以期获得优质高产的产品。

一、整地

在露地花卉播种或移植以前，选择光照适宜、土地肥沃、水源便利和排水良好的土地进行整地。整地的质量直接关乎花卉生长质量，可以改进土壤物理性质，使土壤松软，有利于水分保持和空气的流通，有利于种子发芽和根系伸展，也利于防止病虫害发生。整地以立冬前秋耕为最好，生地尤需进行秋耕。

新开垦的土地应进行深耕，先种农作物大豆、麦类等，并施予适量的堆肥或厩肥，在酸性土中要施入石灰、草木灰等。土地使用多年后，常导致病虫害频繁发生，此时可将新土翻上，表土翻下，并在翻耕后大量施入堆肥或厩肥，补给无机养分。

整地深度根据花卉种类及土壤情况而定。一、二年生花卉生长期短，根系入土不深，宜浅耕，深20~30cm、宿根花卉定植后，继续栽培数年至10多年，根系发达，因此要求深耕40~50cm，同时施入有机肥料。球根花卉因地下部分肥大，对土壤要求尤为严格。

花坛土壤的整地除按上述要求进行外，如土壤过于贫瘠或土质不良，可将上层30~40cm的土壤，换成新土或培养土。

二、移植

露地花卉，除去不宜移植而进行直播的花卉外，大都是先在温床育苗，经过移植后定植于花坛或花圃中。

移植使得幼苗加大株间距离，扩大幼苗的营养面积，增加日照、流通空气、生长健壮。移植时切断主根，可使侧根发生，在移植时比较容易恢复生长。移植还可抑制徒长。

幼苗栽植后不再移植称为定植。栽植后经过一定时期的生长，还要再进行移植称为假植。移植时间因苗的大小而定，温床幼苗一般应在5~6片真叶时进行。移植时间应在幼苗水分蒸腾量极低时刻进行最为适宜，天气炎热则须于午后或傍晚日照不过于强烈时进行。

三、灌溉

露地花卉虽可从天然降雨中获得所需水分，但由于天然降雨不匀，远不能满足花卉生长需求。特别是炎热天气土壤水分大量蒸发，其结果使土壤干燥、缺水，应及时补足水分，因此灌溉工作是花卉栽培事业的重要环节。

灌溉时间因季节而异，夏季灌溉用水要防止水温过低，且不易在中午土温过高时浇水，以防浇水时土温骤降伤害根系，所以夏季浇水多于早晚进行，冬季宜于中午前后。春秋季视天气情况进行选择。

灌溉方式因植株大小而定。对播种出土的幼苗采用细孔喷壶喷水，也可采用漫灌法，使耕作层吸足水分。要避免水的冲击力过大，冲倒苗株或溅起泥浆沾污叶片。每次浇水都应浇透土层，不能仅仅湿润地表，否则因水分蒸发而迅速干燥，达不到浇水目的。

四、施肥

花卉在生长发育过程中，植株从周围环境中吸收大量水分和养分。所以，必须向土壤施入较多的氮、磷、钾肥及少量的微量元素，满足花卉的需要，使枝壮叶茂、花繁果硕。施肥通常分为基肥与追肥两大类。

（一）基肥

选用厩肥、堆肥、饼肥、河泥等有机肥料混入骨粉或过磷酸钙。氯化钾作基肥，整地时翻入土中，这类肥料肥效较长，还能改善土壤的物理和化学性能，对于露地宿根花卉和球根花卉，应该多施入有机肥。北京地区，宿根花卉的生长发育主要靠施入基肥，常用麻酱渣子、绿肥、厩肥、草木灰所构成的堆肥，每平方米约为 500g 翻入土壤下层约 25cm 左右深处。

（二）追肥

为促进植株生长，开花旺盛，以施用追肥的方法及时补充所需养分。植株在萌动、开花及结实前后都需追肥。一、二年生草花幼苗期可稍多施入氮肥，以促进茎、叶生长，逐渐增加磷钾肥的施用量。多年生宿根花卉和球根花卉，追肥次数不宜多，一般可在春季开始生长时及花前、花后各追施 1 次。

对于速效性、易淋失或易被土壤固定的肥料如碳酸氢铵、过磷酸钙等，易于需肥时稍前施，而迟效性肥料可提前施，如有机肥。施肥后应随即进行灌水。在土壤干燥情况下，还应先行灌水再施肥，以利吸收并防伤根。

根外追肥是在植物急需养分或遇土壤过湿时进行，即对枝、叶喷施营养液。如将尿素、过磷酸钙、硫酸亚铁，配制成 0.1% ~ 0.2% 的水溶液，在清晨或傍晚喷施。

五、整形与修剪

为了保持植物的株型美观，枝叶紧凑和花果繁密，常借整形修剪来调节其生长发育，提高其观赏价值。

（一）整形

露地花卉的整形有下列几种形式。

1. 单干式

只留主干，不留侧枝，顶端只开花 1 朵。在养护过程中将侧蕾全部摘除，使养分集中于顶蕾。此种形式适用于大丽花及标本菊。

2. 多干式

除去侧枝，留数条主枝，增加花量。如大丽花留 2~4 枝，菊花留 3、5、9 枝。

3. 丛生式

生长期多次摘心，促生枝条，增加花量，全株成低矮丛生状。多数一、二年生花卉及部分灌木适于此类。如一串红、百日草、矮牵牛等。

4. 悬崖式

植株全部枝条向同一方下垂。多应用于小菊。

5. 攀援式

只用于蔓性花卉，使枝条蔓于一定形式的支架。如黑眼苏珊、茑萝、紫藤、凌霄等。

6. 匍匐式

利用枝条的自然匍匐地面特性来覆盖地面。如美丽月见草、蔓锦葵。

（二）修剪

是对植株局部或某一器官的具体剪理措施。主要包括以下措施。

1. 摘心

摘除枝梢顶芽，称为摘心。促进植株萌芽形成丛生状，开花繁多。并能抑制植株生长，可使全株低矮，株型紧凑，又能延长花期。

顶芽是花卉植株生长旺盛的器官，含有较多的生长素，能抑制下部腋芽的萌发。如摘除顶芽会迫使腋芽萌发进行而形成多枝，利用这一特性，常对一串红、百日草这类着花部位在枝条顶部而又易产生分枝的花卉进行摘心。一些宿根花卉定植后不久，即植株达到一定高度时，可进行摘心，随着生长，还要进行多次摘心。如花期早、花型小的早小菊，不进行摘心则植株高大，底叶易脱落，茎中空，易倒伏。摘心后株型美观矮小、花繁叶茂，不易倒伏，观赏性增加。

摘心次数及时间依花期而定。摘心会推迟花期，遇需要尽早开花的花卉尽量不要摘心。植株矮小，分枝又多的三色堇、雏菊、虞美人等不需摘心。主茎上着花较多且花径大的鸡冠花、风铃草、蜀葵等不需摘心。

2. 除芽

剥去多余的腋芽，限制枝条的增加和过多花朵的产生。菊花和大丽花在栽培过程中需除去多余的腋芽。除芽时要注意保护有用的芽，留芽方向要合理，分布均匀。

3. 去蕾

通常指去除侧蕾保留顶蕾，增加顶蕾开花花径。侧蕾一旦出现立即摘除，减少养分消耗。芍药、菊花、大丽花常用此法。球根花卉，在生产球根过程中，常将花蕾除去，不使其开花。

4. 疏剪与短截

疏剪是剪去过密的、无用的枝条。疏剪的对象是交叉枝、平行枝、内向枝、受病枝、衰老枝的枝条。可改善植株内部通风透光条件，调整树形和营养分配，更利于开花结果。短截有强有弱，剪去枝条的大部分或梢端的一部分。月季在花后强剪，有利于重新发枝，梅花长枝进行缩减可以多生花枝。

六、防寒越冬

我国北方严寒季节，对于露地栽培的二年生花卉及不耐寒的多年生花卉，必须进行防寒处理，以免冬季低温冻害发生。常用的防寒方法有以下几种。

（一）覆盖法

霜冻到来前，在畦面上覆盖干草、落叶、马粪或草席等，直到晚霜后撤掉。此法防寒效果较好，应用极为普遍。

（二）培土法

冬季地上部分枯萎的宿根花卉和进入休眠的花灌木常用此法。待春季萌芽前再将培土去掉。

（三）灌水法

冬灌能减少或防止冻害，春灌有保温、增温效果。水的热容量比干燥的土壤和空气的热容量大得多，灌溉后土壤的导热能力提高，深层土壤的热量容易传导上来，因而可以提高近地表空气的温度。灌溉还可提高空气中的含水量。空气中的蒸汽凝结成水滴时放出潜热，可提高气温。

（四）密植法

密植可以增加单位面积茎叶的数目，降低地面热的辐射，起到保温作用。除上述方法外，还有设立风障、利用阳畦、减少氮肥、增施磷钾肥等方法，都会起到抗寒作用。

第五章　识图与设计

第一节　园林的概念

园林主要是指在一定范围内，为了维护和改变自然面貌，改善卫生条件和地区环境条件，根据一定的自然、艺术和工程技术规律，由地形地貌、山水泉石、植物、动物、广场、园路及建筑小品（亭、台、廊、榭……）等造景要素组合建造的，提供人们休息、游览和文化体育活动的、环境优美的绿化空间。

园林是人工创造的，主要的功能是供人观赏、休憩、娱乐，体现人类对大自然的向往，富有自然情趣的游憩观赏环境。

园林包括了各种公园、花园、植物园、动物园、风景名胜区、森林公园等。

第二节　中国园林发展历史

一、商周的"囿"

商、周是园林的雏形期。中国园林的兴建，始于殷商时代，此时的特点是奴隶经济极其发达，商周最初的园林形式被称为"囿"，是我国古代园林的雏形，迄今已经有3000多年的历史了。

"囿"就是划定一定的区域范围，让天然的草木和鸟兽在特定的区域范围内滋生繁衍，并且挖池筑台，供帝王贵族们狩猎和游乐。整个"囿"的面积范围内，多为朴素的天然景象，小部分为人工建造。

二、秦汉时的宫苑

秦汉是商、周的形成期。到了封建社会，由于生产力的进一步提高，"囿"的单调游乐内容不能满足统治者的需要，从而使秦汉时代的宫苑在"囿"的基础上大大地发展，宫室建筑占有了极为重要的地位，因此被称为"建筑宫苑"。其中不仅有供狩猎和圈养的动物，还包括了植物和山水的内容，即有了大量建筑与山水相结合的布局，我国园林的这种传统形式和特点开始出现。

三、隋、唐、宋宫苑与唐、宋写意山水园

隋、唐、宋是园林的全盛期。此时期盛行山水诗、山水画，同时也影响到园林方面的创作，以景如画，以画设景，将诗情画意"写"入园林，形成了"唐、宋写意山水园"的特色。

唐、宋写意山水园开创了我国园林的一代新风。它效法自然、高于自然，寓情于景、情景交融，富有诗情画意。此后，明清园林、江南私家园林在此基础上继续发展，逐渐形成我国园林的重要特点之一。

四、明、清皇家宫苑和私家园林

明、清是园林的没落期。明代园林风格自然朴素，沿袭了北宋山水宫苑的传统。代表作是"明西苑"。

清代宫苑园林一般建筑数量多、尺度大、装饰豪华、庄严，园中园，山水相依，称为建筑山水宫苑，并且特别注重园林建筑控制全局的主体作用。代表作有北京的圆明园、颐和园和承德的避暑山庄。

明清私家园林的代表有北京的勺园，苏州的拙政园、网师园、留园，无锡的寄畅园等。

第三节　中国园林类型

主要包括：皇家园林、私家园林、寺庙园林和风景名胜区。

一、皇家园林

皇家园林服务对象是古代的帝王将相，皇家园林所表现的主题也是体现帝王的权威和尊严，是人们想象中的神仙境界。

皇家园林一般园林面积较大，造园手法精巧、气势宏大，具有雍容华贵、富丽堂皇的艺术特点。例如，遗存至今的北京颐和园、承德的避暑山庄、北海公园。

二、私家园林

私家园林的园主和服务对象是封建时代的"文人"或"士大夫"。私家园林主要结合休息起居场所而建的私宅花园。因此一般面积较小，布置精致，文化底蕴深厚，可谓"移天缩地，寸地寸景"，人文气息较浓。例如苏州的拙政园、网师园和无锡的寄畅园。

三、寺庙园林

寺庙园林是寺庙的一个组成部分，是结合宗教活动的开展，在寺庙建筑的周围布置的园林景物，如花卉、树木、花坛、绿篱等。园林布局形式多为中轴对称为主，体现庄重肃穆的艺术风格。有时也种植菩提树、七叶树等具有宗教色彩的树种。例如北京的潭柘寺、雍和宫，杭州的灵隐寺等。

四、风景名胜区

风景名胜区是指在一定的自然风景的基础上，经过相当的艺术加工后所形成的园林风景。如杭州的西湖风景区等。

第四节　城市园林绿地的类型

国务院于1992年5月20日发布了《城市绿化条例》，用于指导城市绿化工作，促进城市绿化事业的发展。条例中城市绿地分类为：公共绿地、居住区绿地、单位附属绿地、防护绿地、生产绿地和风景林地。

一、公共绿地

主要由政府投资，供全市人民游览休息、开展文体活动，经过艺术布局建成的具有一定设施内容的园林绿地。它包括市级公园、区级综合性公园、儿童公园、动物园、植物园、体育公园、纪念性园林、古典园林、小游园、城市广场、水边及路旁的游憩林荫带等。

二、居住区绿地

包括小公园、小游园、公共庭院、宅旁绿地、居住区道路绿地，是居住区用地的一部分，具有改善居住区环境卫生和小气候、美化环境，为居民的日常休息、户外活动、体育锻炼、儿童游戏等创造良好条件的功能与作用。

三、道路河道绿化

道路绿地指由市政府投资建设的、居住区道路级别以上的街道绿化用地，包括道旁绿地、交通岛绿地、立体交叉口绿地、桥头绿地、公共建筑前装饰绿地及河、湖水旁绿地。

道旁绿地是指城市道路两旁栽植乔灌木的绿地，包括道路旁停车场、加油站、公共汽车站（台）等地段绿地。交通岛绿地，是指交于路面的"分隔岛""中心岛""安全岛"上的绿地，一般人们不得进入。立体交叉路口及桥头绿地，即城市街道立交路口、桥头绿化地带。另外，还有公路、铁路的防护绿地及对外交通站、场地附属绿地。

四、单位附属绿地

指专属某一部门或某一单位使用的绿地。如机关、部队、团体、学校、医院、工矿、企事业、私家庭院等绿地，不对外公共开放。

工矿企业、仓库等绿地，可以调节内部空气温度和湿度、降低噪声、防风、防火、美化环境，也可以减轻有害物质对工厂及附近居民的危害。公用事业绿地，是指停车场、水厂、污水及污染物处理厂的绿地。公共建筑庭院，是指公共建筑旁的附属绿地。包括机关、学校、医院、影剧院、体育馆、博物馆、展览馆、商业服务等。

五、生产绿地

是城市绿化所需要的植物材料的生产基地，包括提供苗木、花卉、种子和其他园林产品的苗圃、花圃、果园、竹园、林场，也可定期供游人观赏游览。常位于郊区土壤肥沃，水源良好，交通便利的区域。

六、防护绿地

防护绿地是市区、郊区用于隔离、卫生、安全防护等目的的林带和绿地。有着改善城市污染环境、卫生条件、通风或防风、防沙的功能，夏季结合水系河岸形成楔形林带、通风走廊，使城市降温，减缓城市热岛效应。常遇台风的城市，可建立垂直于常年风向的150～200m宽度的防风林带。此外，还包括卫生防护林、防风沙林、农田防护林、水土保持林等。

七、城市郊区风景林地

充分利用大面积的自然山水森林风景、名胜古迹，配备一定服务设施，供人们节假日游览休息之用的绿地。如杭州西湖、无锡太湖、桂林漓江、陕西华山、江西庐山、山东泰山、四川峨眉山、安徽黄山、琅琊山、北京西山和香山。

第五节　城市园林绿地规划指标和计算方法

衡量城市的环境质量和城市居民生活福利保健水平的高低，城市绿地面积和绿化水平是重要指标。城市绿地规划指标有以下几种。

一、城市绿化覆盖率

指城市绿化覆盖面积占城市面积的比率。计算公式：城市绿化覆盖率（%）= 城市内全部绿化种植垂直投影面积 / 城市总面积 ×100%。

二、城市绿地率

指城市各类绿地（含公共绿地、居住区绿地、单位附属绿地、防护绿地、生产绿地、风景林地6类）总面积之和占城市面积的比率。计算公式：城市绿地率（%）= 城市六类绿地面积总和 / 城市总面积 ×100%。

三、人均公共绿地面积

指城市中每个居民占有公共绿地的面积。计算公式：人均公共绿地面积 = 城市公共绿地总面积 / 城市非农业人口。

第六章　园林绿化施工

第一节　施工准备

一、平整场地

园林绿化施工前，一般应对场地进行场地清理、挖填找平、旧土翻晒等工作，并按施工要求范围和标高将地面平整，避免出现坑洼、积水现象，并将多余土方弃到规定区域；凡在施工区域内，影响工程质量的软弱土层、淤泥、渣土、工程废料、树根、宿根性杂草及其他不易作回填土的分情况采取措施进行妥善处理。

有一些土方施工工地可能残留了少量待拆除的建筑物或地下构筑物，在施工前需勘察现场是否有各专业地下管线，并了解情况后方可进行拆除，拆除时，应根据其结构特点，并按照现行的技术规范进行操作。操作时可以人工使用镐、铁锤，也可用推土机、挖土机等机械设备。

二、绿化用地排水

绿化用地施工前，其场地标高需合理衔接，使绿地排水通畅。施工排水包括排除施工场地的地面水和降低地下水位。其绿化用地排水有地表径流、明渠和暗沟3种方法。

第二节　苗木施工

一、选苗、号苗

苗木质量好坏是植树成活的关键，为保证树木成活，提高绿化效果，优先使用乡土树种及圃苗，并对所种植的苗木进行严格的选择。选苗时，除了根据绿化设计规定的规格和树形选定苗木外，苗木还应具备树干通直、生长健壮、枝叶繁茂、冠形完整、色泽正常、根系发达、无病虫害、无机械损伤、根系发达的基本质量要求。此外还要注意以下几点：

（1）苗木应是经过移植培育的，5年生以下的移植培育至少1次，5年生以上（含5年生）的移植培育至少2次。

（2）野生苗和山地苗应经本市苗圃养护培育3年以上，在适应本地环境，并生长发育正常时才能选用。

（3）做行道树种植的苗木，分枝点不低于 2.8m。

（4）从外地运进的苗木需要做好检疫工作，并开具植物检疫证书。

（5）选定的苗木，乔木要在树干上，灌木要在较低树枝部位，做出明显标记（如涂色、挂绳、挂牌等），以免差错，并多选定几棵备用。

二、挖掘树穴

挖坑的质量对树木以后的生长有很大影响。树坑的大小除按设计规定位置外，还要根据根系或土球大小、土质情况确定，一般应比根系或土球直径大 30~40cm，坑的深度一般是坑径的 3/4~4/5，坑壁要上下垂直，即坑的上口下底一样大小。坑的规格参照表 6-1、表 6-2。

乔木挖种植穴规格（单位：cm）　　　　　　　　　　　　　　　　　表 6-1

乔木胸径	种植穴直径	种植穴深度
3~4	60~70	40~50
4~5	70~80	50~60
5~6	80~90	60~70
6~8	90~100	70~80
8~10	100~110	80~90

花灌木类挖种植穴规格（单位：cm）　　　　　　　　　　　　　　　　表 6-2

灌木高度	种植穴直径	种植穴深度
120~150	60	40
150~180	70	50
180~200	80	60

1. 手工挖掘树穴操作

（1）主要工具：锹和十字镐。

（2）操作方法：以定点标记为圆心，以规定坑径为直径，先在地上画圆，沿圆的四周向内向下直挖，掘到规定的深度，然后将坑底刨松后铲平。栽植裸根苗木的坑底刨松后，堆一个小土丘以使栽树时树根舒展。

刨完后将定点用的木桩仍应放在坑内，以备散苗时核对。

2. 挖掘机挖掘树穴操作

挖坑机的种类很多，必须选择规格对路的，操作时轴心一定要对准点位，挖至规定深度，整平坑底，必要时可加人工辅助。

3. 注意事项

（1）位置准确。

（2）规格适当。

（3）挖出的表土与底土分开堆于坑边，还土时先填入坑底，而底土做开堰用。如土质不好应把好土与坏土分开堆置。行道树刨坑时堆土应与道路平行，不要把土堆在树行内，以免栽树时影响照直。

（4）在斜坡挖坑，应先铲一个小平台，然后在平台上挖坑，坑的深度以坡的下口计算。

（5）新填土方处刨坑，应将坑底夯实。

（6）土质不好应加大坑号，并将杂物筛出清走，遇炉渣、石灰、沥青、混凝土等有害物应将坑径加大 1~2 倍，将有害物全部清除干净，换上好土植树。

（7）刨坑时如发现电缆、管道等，应停止操作，及时找有关部门解决。

（8）绿地内自然式栽植的树木，如发现地下障碍物严重影响操作时可与设计人员协商，适当移动位置，而行列树则不能移位。

三、掘苗、运苗、假植

（一）掘苗

按所起苗木带土球与否，分为裸根掘苗和带土球掘苗。裸根掘苗适用于裸根状态下易成活的落叶乔、灌木，带土球掘苗适用于大部分乔灌木。

1. 掘苗前的准备工作

（1）苗木生长处的土壤过于干燥应提前数天落水，反之土质过湿则应提前开沟排水，以利操作。

（2）捆拢。对于冠丛庞大的灌木，特别是带刺的灌木（如贴梗海棠、玫瑰、黄刺玫等），为方便操作，应先用草绳将树冠捆拢起来，但应注意松紧适度，不要损伤枝条。捆拢侧枝也可与号苗结合进行。

（3）试掘。为保证苗木根系规格合理，特别是对一些不明情况地区所生长的苗木，在正式掘苗前，最好先试掘几棵。

2. 掘苗方法及要求

（1）掘苗的根系幅度。一般落叶乔木应为胸径的 8~10 倍，落叶灌木可按苗木高度的 1/3 左右。裸根苗木注意尽量保留护心土。

（2）掘苗工具要锋利，操作时人和树相对站立，用铁锹从四周由外向内垂直挖掘，侧根全部掘断后再向内掏底，将底根铲断，轻轻放倒苗木，打掉土坨。遇粗大树根最好用锯锯断，掘苗时一定要保护大根不劈不裂，并尽量多保留须根。

（3）根系大小，按规定规格挖掘，遇有大根可酌情保留。

（4）苗木掘完后应随即装车运走，如一时不能运走，可在原坑假植，如假植时间过长，还要设法适量灌水，保持土壤湿度。

（二）运苗

苗木的运输是影响植树成活的重要环节，实践证明"随掘、随运、随栽、随灌水"对植树成活率有保障，可以减少树根在空气中暴露的时间，对树木成活大有益处。

1. 装车前的检验

运苗装车前需仔细核对苗木的品种、规格、数量、质量等，凡不符合要求的应要求苗圃方面予以更换。苗木质量要求见表6-3。

待运苗的质量要求最低标准

表6-3

苗木种类	质量要求
落叶乔木	树干：主干不得过于弯曲，无蛀干害虫，有明显主轴树种应有中央领导枝
	树冠：树冠茂密，各方向枝条分布均匀，无严重损伤
	根系：有良好的须根，大根不得有严重损伤，根际无肿瘤及其他病害
落叶灌木	灌木有短主干；丛生灌木有主枝3~6根，分布均匀。无病虫害，须根良好

2. 装运苗木

（1）装运乔木时应树根朝前，树梢朝后，顺序排码。

（2）车后厢板应铺垫蒲包等物，以防碰伤树皮。

（3）树梢不要拖地，必要时要用绳子围拢吊起来，捆绳子的地方需用蒲包垫上。

（4）装车不要超高，压得不要太紧。

（5）装完后要用苫布将树根盖严捆好，以防树根失水。

3. 运输途中

押运人员在运输途中要和司机配合好，经常检查苫布是否被风吹开，短途运苗，中途最好不停留。长途行车必要时应洒水浸湿树根，休息时应选择荫凉处停车，防止风吹日晒。

4. 卸车

卸车时要爱护树苗，轻拿轻放。要顺序拿取，不准乱抽，更不能整车推下。

（三）假植

苗木运到施工现场如不能及时栽完，应视离栽种时间长短分别采取"假植"措施。临时用湿土将苗根埋严，称"假植"。

（1）裸根苗木短期假植法。在栽植处附近选择合适地点，先挖一条浅横沟，约2~3m长，然后立排一行苗木。紧靠苗根再挖一同样的横沟，并用挖出来的土，将第一行树根埋严，挖完后再码一行苗，如此循环直至将全部苗木假植完。

（2）如时间较长，则对裸根苗应妥善假植。方法是：在不影响施工的地方挖好30~50cm深、1.5~2m宽，长度视需要而定的假植沟，将苗木分类排码，码一层苗木，根部埋一层土。全部假植完毕以后，还要仔细检查，一定将根埋严，不得裸露。若土质干燥还应适量灌水，要保证树根潮湿。

（3）土球苗木1~2天栽不完的，应集中放好，四周培土，树冠用绳扰好。

四、栽植

（一）栽前修剪

1. 修剪的目的

（1）平衡树势：移植树木，不可避免地会损伤一些树根。为使新植苗木迅速成活，恢复生长，必须对地上部分适当剪去一些，并在伤口处涂抹防腐剂，以减少水分蒸发，上下平衡。

（2）培养树势：通过修剪可以使树木生长成理想的形态。

（3）减少病虫害：剪除带病虫枝条，可防病虫。通过修剪，减轻树梢重量，可防止树木倒伏，在春季多风沙地区的新植树尤为重要。

2. 修剪的原则

树木修剪一般尊重原树形特点，不可违反其自然生长的规律。

（1）落叶乔木 凡属具有中央领导干、主轴明显的树种（如银杏、水杉等），应尽量保护主轴的顶芽，保证中央领导干直立生长。主轴不明显的树种（如国槐、柳树等），应选择比较直立的枝条代替领导枝直立生长，通过修剪控制与主枝竞争的侧枝。对于分枝点高度的要求：行道树一般应保持 2.8m 以上的分枝高度。同一条道路上相邻树木分枝点高度应保持基本一致。绿地树木一般为树高的 1/3~1/2。

（2）灌木 一般采用 2 种方法：

疏枝：即将枝条从根或者着生部位剪除称"疏枝"。

短截：即截短枝条的前部，保留基部称"短截"。对灌木进行短截修剪，一般应保持树冠内高外低，成半球形；对灌木进行疏枝修剪，应外密内稀，以利通风透光；根蘖特别发达的树种（如黄刺玫、玫瑰、白玉堂、珍珠梅等）应多疏剪老枝，以使其不断更新，生长旺盛。

3. 修剪的方法和要求

（1）高大乔木应于栽前修剪，小乔灌木可于栽后修剪。

（2）乔木疏枝剪口应与树干平齐不留桩，灌木疏枝剪口应与地面平齐。

（3）短截枝条应选在叶芽上方的 0.3~0.5cm 的适宜之处，剪口应稍斜向背芽的一面。

（4）修剪时先将枯干、带病、破皮、劈、裂的根和枝条剪除，过长的枝条应加以控制，较大的剪口、伤口应涂抹防腐剂。

（5）使用花枝剪时必须注意上、下口垂直用力，切忌左右扭剪，以免损伤剪口，粗大的枝条最好用手锯锯断，然后再修平锯口，修除大枝要保护皮脊。

4. 一些常用树木移植时的修剪情况

（1）乔木 疏枝为主短截为辅：银杏、白蜡；疏枝短截并重：杨树、槐树、栾树、元宝枫；短截为主：柿树、合欢、悬铃木；一般不剪：楸树、青桐、臭椿。

（2）灌木 疏枝为主短截为辅：黄刺玫、山梅花、太平花、连翘、玫瑰。短截为主：紫荆、月季、蔷薇、白玉堂、木槿、溲疏、锦带花。只疏不截：丁香。

（二）栽植

1. 散苗

将树苗按设计图纸要求和穴边木桩位置，散放于定植坑边称"散苗"。

（1）爱护苗木轻拿轻放，不得损伤树根、树皮和枝干。

（2）散苗速度与栽苗速度相适应，边散边栽，散毕栽完，裸根苗木尽量减少树根暴露时间。

（3）假植沟内剩余的苗木，要随时用土埋严树根。

（4）行道树散苗时应事先量好高度，保证邻近苗木规格大体一致。

（5）对有特殊要求的苗木，应按规定对号入座，不要搞乱。

2. 栽苗

苗放入坑内然后填土、踩实的过程称"栽苗"。

（1）栽苗的操作方法：一人将苗放入坑中扶正，另一人将坑边的好土填入，至填土到坑的一半时，用手将苗木轻轻往上提起，使根颈部分与地面相平，让根自然地向下舒展开来，然后用脚踩实土壤（或用木棒夯实），继续填入好土，直到坑满后再用力踩实或夯实一次，并用底土在坑的外缘做好浇水堰。

（2）栽苗的注意事项和要求：平面位置和高度必须符合设计规定。树身上下垂直，如果树干有弯曲，弯应朝西北方向。行列式栽植必须保持横平竖直，左右相差最多不超过半树干。栽植深度，裸根乔木应比原土痕深5~10cm，灌木应与原根径痕相平；栽行列树应事先栽好"标杆树"。方法是每隔20株，用皮尺量好位置，先栽好一株，然后以这株为瞄准依据，全面开展栽植。浇水堰开完后，将捆好树冠的草绳解开，以便枝条舒展。

五、栽植后的养护管理

（一）立支柱

较大苗木为了防止被风吹倒，应立支柱支撑，北方多风地区尤应注意。立支柱的方式大致有单支柱、双支柱、三角支撑、四角支撑四种形式。

1. 单支柱

用坚固的木棍或竹竿，斜立于下风方向，埋深30cm，支柱与树干之间用麻绳或草绳隔开，然后用麻绳捆紧。

2. 双支柱

用2根支柱垂直立于树干两侧与树平齐，支柱顶部捆一横担，用草绳将树干与横担捆紧，捆前先用草绳将树干与横担隔开，以免擦伤树皮。行道树立支柱不要影响交通。

3. 三角支撑

将3根支柱组成三角形，将树干围在中间，用草绳或麻绳把树和支柱隔开，然后用麻绳捆紧。

4. 四角支撑

将4根支柱组成井字形，将树干围在中间，原则上四根撑杆绑扎高度一致，与树干角度一致。

（二）灌水

水是保证树木成活的关键，栽后必须连灌几次水，气候比较干旱的北方地区尤为重要。

1. 开堰

苗木栽好后灌水之前，先用土在原树坑的外缘培起高约15cm左右圆形土堰，并用铁锹将土堰拍打牢固，以防漏水。

2. 灌水

苗木栽好后24小时之内必须浇上水，栽植密度较大树丛，可开片堰。

第一遍水不要太大，主要是使土壤填实，与树根紧密结合。苗木栽植后10天之内必须连灌三遍水，第三遍水应浇足。

（三）扶直封堰

1. 扶直

第一遍水渗透后的次日，应检查树苗是否有倒歪现象，发生后及时扶直，并用细土将堰内缝隙填严，将苗木稳定好。

2. 封堰

三遍水浇完，待水分渗透后，用细土将灌水堰填平，土中如果含砖石、杂物等应捡出，否则影响下一次开堰。封堰土堆应稍高于地面。秋季植树应在树干基部堆成 30cm 高的土堆，以保持土壤水分，并保护树根，防止风吹摇动，以利成活。

（四）其他栽后的养护管理工作项目

1. 对受伤枝条或原修剪不理想的进行复剪。

2. 病虫害的防治。

3. 巡查、维护、看管，防止人为破坏。

4. 场地清理，做到工完地净、文明施工。

六、裸根苗木移植

对于易成活的落叶乔、灌木，在落叶以后，发芽以前的休眠时期，完全可以裸根移植，成本远远低于带土球移植，操作方法简便易行，当然冬季大地封冻期间不宜进行。

（一）掘苗

1. 落叶乔木掘苗的根系，直径一般是胸径的 8~10 倍。

2. 掘苗前应对树冠加以修剪，修剪量要重一些。特别是对一些容易发枝条的树种，如悬铃木、槐树、刺槐、柳树、元宝枫等，可以定出一定的留干高度，其上部可以留 3~4 个主枝，每个主枝留 30~50cm 长，其他枝条可全部去掉。修剪时注意不要造成枝干劈裂。

3. 掘裸根苗应沿规定根径外围垂直向下挖掘。操作沟宽 60~80cm，以能容纳一人在内操作，沟深按规定，掘挖过程中遇到粗根要用手锯锯断，不可用铁锹硬断造成损伤。

4. 树根切断后，要防止树木倒伏伤人。当全部侧根切断时，再将树身推倒，切断主根，可带些护心土。

（二）运输

1. 装车时，不能超过规定高度，要轻抬轻放，不可损伤树根和擦伤树皮。树根朝前，树梢向后，重量大的则须用吊车装卸。

2. 树干与车厢或其他硬物、绳索接触之处应垫草袋、蒲包等物，以保护树皮。

3. 运输途中应用苫布将树根盖严，以防日晒风吹影响成活，必要时途中应对根部喷水，保持树根潮湿。

4. 苗木运到施工现场后，应一株株按顺序轻轻卸车，不准一推而下，损伤苗木。

（三）假植

1. 苗木掘起后，如不能及时装运，可在原坑内用土将树根埋严。

2. 苗木运到施工现场，最好应立即栽植入坑，如不能立即栽植，则应用湿草袋、湿蒲包等物将根盖严。如存放日期较长，则须用湿土将根埋严。

注意，裸根苗绝不可长期假植，否则成活率必将大大降低。

（四）栽植

1. 事先按设计图纸准确测定栽植位置和标高，按点刨坑，坑的规格应大于树根，坑底刨松整平，如需换土、施肥也应一并做好准备。

2. 栽前应检查树根，发现劈裂、损坏之处应剪除，对树冠也应复剪一次，较大剪口应涂抹防腐剂。

3. 栽植深度一般应较原土痕深 5cm 左右，分层埋土踏实，填满为止。

4. 较高大的树木应在下风方向立支柱支撑牢固，以防大风吹歪树身。

5. 最后用细土培好灌水堰。

（五）栽后的养护管理措施

1. 灌水

栽后应连灌 3 次水，以后视需要定期灌水，以保成活。

2. 修剪

发芽后注意选择保留有用芽，培养树型，以发挥更大的绿化效果。

3. 看管维护

新植树木，必须防止人为破坏，一定要加强看管维护措施。

4. 其他

如防治病虫害等养护措施，要根据需要及时安排，保证树木成活、生长。

第三节　草坪施工

世界各国的现代化城市都非常重视发展草坪、地被植物。凡是土壤裸露的地面，都要铺栽草坪，地面铺上草坪就像铺上一块绿色地毯，茵茵绿草给人以平和、凉爽、亲切、舒适的感觉，对人们的生活环境起到良好的美化作用，同时草坪植物还可以起到防止水土流失、固坡护堤、避免尘土飞扬、保护环境卫生、吸附有害气体、防止空气污染、净化空气、减少噪声、调节气温、增加空气中的相对湿度、缓和阳光辐射、保护人们的视力等作用。因此，随着城市建设的发展，大力发展草坪种植，将成为城市绿化建设中越来越重要的组成部分。本章主要介绍草坪的坪床准备、改良和平整以及草坪的铺种和后期养护管理等工序。

一、坪床整地

栽种草坪必须事先按设计标高整理好场地，主要操作内容包括刨松、平整、清理、施肥，必要时还要换土，对于有特殊要求的草坪，如运动场草坪，还应设置排水设施。

（一）坪床准备

草坪植物根系分布的深度，一般在 30~40cm 之内，所以种植草坪的土地，土壤厚度绝不能少于40cm，并须耕翻疏松，为草坪植物的生长创造良好的生长条件。

对于含有砖石等杂质的土壤，而且妨碍管理操作，都应将杂物挑出，必要时应将30~40cm厚的表土全部过筛。如果土中含有石灰等有害于草坪植物生长的物质，则应将40cm厚的表层土全部运走，另外换上砂质土壤，以利于草坪植物的生长发育。对于出现"动土"即"活方"的地段必须用水夯（灌大水）或机械夯实，防止地面塌陷。对进行过深翻的地表土层要用压辊压实。其密实度应达到，人进入踏不出脚窝，小型作业车辆进入压不出车道沟。但滚压应掌握适度，以免出现土壤结构板结，关键要在潮而不湿的条件下进行。

（二）坪床改良

1. 物理性质改良

过粘、过沙性土壤需进行客土改良。专用草坪及运动场草坪土壤基质有其特殊要求，如高尔夫的发球台和果岭必须覆沙，要求通气透水良好的砂性基质。一般的园林绿地草坪土质和肥力达到耕作土标准则可。

常用的改良土壤肥力的办法是增加有机质含量。掺加适量的草炭或松林土或腐叶土，均匀施入腐熟的有机肥，如家禽粪、各种饼肥等。一般情况腐熟的有机肥施肥量是2.3~4.5kg/m²，麻渣施肥量是1.5~2.0kg/m²。无论施用何种肥料，都必须先粉碎、撒匀，也可粉碎后与种植土搅拌均匀后翻入土中，否则会使同一地块草坪生长势不一致，高矮、颜色不均，影响景观效果。为防止土壤中潜伏的害虫危害草坪，在施有机肥的同时应适量施以农药杀虫；施药应撒施均匀，避免局部浓度过大对建植的草坪造成伤害，施入未被腐熟的有机肥，会招致地下害虫严重危害。

2. 化学性质改良

不良的土壤化学性质严重影响草坪小草出土和草坪后期存活，酸性土和盐碱较重的土壤必须进行改良。在播种建植草坪中常遇此难题。

（1）酸性土改良

常用的方法是施用20~100目细粒石灰粉，可在几周内将土壤pH值提高到一个单位。应撒播均匀无死角。根据土壤酸度和质地，一般施用量平均200g/m²，强酸性可施用300~400g/m²，间隔数月可再施一次。

（2）碱性土改良

可采用施石膏、磷石膏的方法，去除地表盐渍，保护草籽发芽。常用表施120g/m²磷酸石膏粉，然后旋耕入10cm厚土壤中效果快，播种前施用能保护草籽出全苗。施用硫磺粉改良作用较慢。施用硫酸亚铁一般碱性土施30~50g/m²，重盐碱的可分批分次施入。需要注意的是化学方法改良土壤只能是局部（表层）的和短期的。一旦小草出土后，表层盐害会减轻。

（三）坪床平整

坪床平整分两步，第一步是粗整，需将坪床整成有一定高差的高低起伏的地面。如自然式草坪。第二步是细整，则是对第一步后的坪床进行细致的平整，让坪床表面均匀一致，不积水，不形成陡坡等。

1. 粗整

粗整最重要的工作就是土方的挖填方，挖方用于堆起自然地形，填方则用于填于坪床低洼的地方。当然，挖填方后土壤必定会有一定的沉降（视土质情况其沉降大小不等），细土通常下沉 15%（即每米下沉 15cm 左右）。因此，有条件的可每填 30cm 即行镇压一次，也可让填方超过设计高度，让其自然沉降。为了保证土壤的养分储存，挖填方时要尽量保证形成后的坪床表面有 12~15cm 厚的表层土（即熟土）。

在对坪床进行粗整时，结合挖方填方一起考虑坪床的排水问题，通常地表排水坡度可采用 0.3%~0.5%。对于体育场草坪排水的要求更高，故除应注意搞好地表排水以外（坡度一般可采用 0.5%~0.7%），还应设置地下排水系统。有些地区采用盲沟排水法，具体做法是：地面以下 1m 左右挖沟，沟宽 1m 左右，沟内分层自下而上填入卵石、豆石、粗沙、细沙，细沙上覆土 30cm 左右。盲沟之间相隔 15m 左右，盲沟两端与排水干管相通。

2. 细整

细整是在粗整的基础上进一步平整，如果施工需要尽快进行草坪繁殖，可连同草坪基肥、有机质等土壤改良剂一同施入土壤后进行细整，可以人工耙地，也可用机具耙平。但在细整前，一定要让土壤充分沉降，以免草坪繁殖后出现高低不平的坪床，从而给后期养护带来一定的难度，细整也必须在土壤湿度适宜时进行，从而能形成理想的土壤颗粒。

整地质量好坏是草坪成败的关键，必须认真对待，绝不可马虎从事，这在过去的实践中是有很多教训的。

二、草坪建植

草坪建植可选择播种、分栽、铺砌草块、草卷等方法。对于坡地和大面积草坪建植可采用喷播法。下面主要介绍常用的几种方法。

（一）播种法

一般用于结籽量大而且种子容易采集的草种。如暖季型草中的野牛草和结缕草，以及冷季型草中的早熟禾和羊茅都可用种子繁殖。

1. 种子的质量及处理

（1）质量主要是指两方面：一是种子的纯度，二是发芽率。草坪种子一般要求纯净度应达到 95% 以上，冷季型草坪种子发芽率应达到 85% 以上，暖季型草坪种子发芽率应达到 70% 以上。

（2）在播种前有些种子需要加以处理，来提高其发芽率，如结缕草种子可用 0.5% 的 NaOH 浸泡 48 小时，用清水冲洗后再播种；野牛草种子可用机械的方法去掉硬壳等。此法适用于比较容易发芽的草种；羊胡子草种子可在冷水中浸泡数小时，捞出晾干，随即播种，目的是让干燥的种子吸到水分，这样播种后容易出苗。羊胡子草籽在北京地区的做法是，6~7 月份采种后将种子放入编织袋中，用自来水冲泡，3~4 天后摊开略干后掺沙播种。

2. 播种量及播种时间

草坪种子需确定合理的播种量，要根据实际情况采用适宜的播种量，播量太大造成浪费，过小降低成坪速度增加管理困难。以下是几种常用的不同草种的播种量，见表6-4。

不同草种播种量　　　　　　　　　　　　　　　　　　表6-4

草坪种类	精细播种量 /(g/m²)	粗放播种量 /(g/m²)
翦股颖	3~5	5~8
早熟禾	8~10	10~15
多年生黑麦草	25~30	30~35
高羊茅	20~25	25~35
羊胡子草	7~10	10~15
结缕草	8~10	10~15
狗牙根	15~20	20~25

种子分为单播和混播两种方式，混播一般是指两种或两种以上的草种混合种植的方式。混播组合的播种量计算方式是：当两种草混播时选择较高的播种量，再根据混播的比例计算出每种草的用量。例如，若配置90%高羊茅和10%草地早熟禾混播组合，混播种量35g/m²，首先计算高羊茅的用量35g/m²×90%=31.5g/m²，然后计算草地早熟禾的用量35g/m²×10%=3.5g/m²。混播草坪应符合互补原则，草种叶色相近，融合性强。

草坪播种应符合下列规定：冷季型草坪播种宜在3~4月或8~9月；暖季型草坪播种宜在5~6月；二月兰播种宜在4~5月或8~9月；崂峪苔草播种宜在4~5月；白三叶播种宜在4~5月或8~9月。

3. 播种方法

草坪播种有人工播种和机械播种两种方法。其中以人工撒播为主，要求工人技术较高，否则很难达到播种均匀一致的要求。人工撒播的优点是灵活，尤其是在有乔灌木等障碍物的位置、坡地及狭长的小面积建植地上适用，缺点是播种不易均一，用种量不易控制，有时造成种子浪费。

当草坪建植面积较大时，尤其是运动场草坪的建植，适宜用机械播种。常用播种机有手摇式、手推式和自行式播种机。其最大特点是容易控制播种量、播种均匀，不足之处是不够灵活，小面积播种不适用。

4. 播种要求

种子均匀分布在坪床中，深度0.5~1cm。播种过深或加土太厚，影响出苗率，过浅或不盖土可能导致种子流失。

如果种子细小，可先掺细沙或细土，一定要混合均匀后再播。如果混播种子的大小不一致，可按种类分开，照上述办法分别进行。草种宜浅播，播种深度1cm左右。

5. 播后管理

播种后浇水前要轻轻镇压并覆盖，镇压可用人力推动重辊或用机械进行。辊可做成空心状，可装水或沙以调节重量。辊重一般 60~200kg。

在北方习惯播种后覆盖草帘或草袋，覆盖后再浇足水，经常检查土壤墒情，及时补水，以确保种子正常发芽所需的充足水分。南方播种后很少覆盖，宜勤浇水，保持坪床呈湿润状态至出苗是关键。待幼苗能自养生长时必须揭去覆盖物，以免影响光合作用。

（二）栽植法

种子繁殖较困难的草种或匍匐茎、根状茎较发达的种类用此方法，北京地区常用此法栽植的有野牛草、大羊胡子、小羊胡子、麦冬、崂峪苔草等。此法操作方便、费用较低、节省草源、管理容易，能迅速形成草坪。

1. 栽植时间

草根分栽的暖季型草宜在 5~6 月、冷季型草宜在 4~9 月，为及早形成草坪，一般栽植时间宜早不宜迟。野牛草宜在 5~6 月，麦冬、崂峪苔草宜在 4~9 月。

2. 选择草源

分栽植物应选择强匍匐茎或强根茎生长习性草种，分栽的植物材料应注意保鲜，不能萎蔫。草根草源地一般是事前建立的草圃，以保证草源充足，特别是羊胡子草等分枝能力不强的草种。在无专用草圃的情况时，也可以选择杂草少、目的草种生长健壮的草坪做草源地。草源地的土壤如果过于干燥，应在掘草前灌水，渗水深度最少在 10cm 以上。

3. 掘草

掘取野牛草，草根部最好多带一些宿土，掘后及时装车运走，草根堆放要薄，并放在阴凉的地方，必要时可以搭棚存放，并经常喷水保持草根潮湿，一般每平方米草源可以栽种草坪 5~8m²。

掘羊胡子草应尽量保持根系完整丰满，不可掘的太浅造成伤根。掘前将草叶剪短，掘下后去掉草根上带的土，并将杂草挑净，装入湿蒲包或湿麻袋中及时装运。如不能立即栽植也必须铺散存放于阴凉处，随时喷水养护。一般每平方米草源可以栽种 2~3m²。

4. 栽草

（1）草坪分栽的株行距

草坪分栽植物的株行距，每丛的单株数应满足设计要求，设计无明确要求时，可按株行距 15~20cm×15~20cm 成品字形穴栽，也可视草源条栽。分栽密度：野牛草 15~20cm×15~20cm 穴栽；羊胡子草 12~15cm×12~15cm 穴栽；结缕草 15cm 行距条栽；草地早熟禾 10cm×10cm 穴栽；匍匐翦股颖 20cm×20cm 穴栽；麦冬 10cm×10cm 穴栽；崂峪苔草 10cm×10cm 穴栽。每穴或每条的草量视草源及达到全面覆盖日期的长短而定。

（2）羊胡子草的栽植法

将草根撕开，去掉草叶、挑净杂草，将草根均匀的铺撒在整好的地面上，铺撒密度以草的根互相搭接基本盖严地面即可，然后覆细土将草根埋严，并用 200kg 左右光面碾碾压一遍。埋土后及时喷水，水点要细，以免将草根冲露出来，第一次喷水水量要小，只起到压土的作用即可，如发现草根被冲出，应及时覆土埋严。以后喷水要勤，保持土壤经常潮湿，以利草根成活生长，这样一般 2~3 周就可恢复生长了。

（3）栽植野牛草的方法

野牛草茎有分节生根的特点，故根、茎均可栽植形成草坪，常用点栽及条栽2种方法。

点栽法：点栽比较均匀，形成草坪迅速，但比较费人工，栽草时每2人为一个作业组，一人负责分草，并将混杂的杂草挑净，一人负责栽草，用花铲刨坑。坑的深度和直径均为6cm，坑距15~20cm呈梅花形，将草根栽入坑内，用细土埋严，并随时用花铲拍紧，随时顺势搂平，最后再碾压一次，及时喷水。北京地区也常采用畦灌的方法，事先按地势高低在合适的方位做好畦梗，梗高15cm左右，随时灌水保持草地潮湿，很快就可形成草坪。

条栽法：条栽比较节省人力，用草量较少，施工速度也快，但草坪成型时间比点栽的要慢。操作方法很简单，先用小板镐刨沟，沟深5~6cm，沟距20~25cm，将草蔓（连根带茎）每2~3根一束，前后搭接埋入沟内，埋土盖严、碾压、灌水，然后要及时挑除野草。

（三）铺草块

就是用带土的方法成块移植铺设草坪，此法因系带原土块移植，所以成型很快。除冻土期间，一年四季均可施工，各草种均适用，缺点是成本高，且容易衰老。

1. 选草源地

铺草块用的草源地，一定要事先准备，选择的草源地要交通方便、土质良好、容易挖掘、运输，杂草要少。掘草前加强养护管理，如挑净野草、适当灌水、施肥等。草源地与草坪的面积比，一般不足1：1，即1m²草源地尚不能够铺1m²的草坪，所以草源地一定要充足，留有余地。

2. 掘草块

在选好的草源地上事先灌一次足水，待水渗透后操作方便时，才可以人工用平锹或拖拉机带圆盘刀，将草源地切成30cm×25cm的长块状，切口10cm深，然后用平锹平铲起草块即成。注意切口一定上下垂直、左右水平，这样才能保证将来设置草块时的质量。草块土层厚度宜为3cm。

3. 运输及存放草块

草块掘好后放在宽25cm、长100cm、厚2cm的木板上，每块木板上放草块2或3层。装车时抬木板，码放靠紧、整齐，卸车时也要抬木板。运至铺草现场后，应将草块单层放置，并注意遮萌，经常喷水，保持草块潮湿，有条件时应及时铺栽。

4. 铺设

铺草块前要检查场地平整等准备工作是否齐备，必须将一切现场准备工作做完后方可施工。铺草块时必须掌握好地面标高，最好采用钉桩挂线的方法，作为掌握标高的依据。每隔10m钉一木桩，用仪器测好标高，做好标记，在木桩上挂牢小线。铺草时，草块的上面应与小线平齐，草块薄时应垫土找平，草块太厚则应适当削薄一些。

铺草块应和砌墙一样，使缝隙错落互相咬茬。草块边要修整齐，相互挤严不留缝，草块间填满细土，随时用木拍拍实，使草块与地面紧密连接，随时检查。一定要保证铺平，否则将来坑洼积水，影响草坪生长，最后用500kg的碾子碾压，并及时喷水养护，10天左右即可成型。

铺草时发现草块上带有少量杂草的，应立即拔净，如杂草过多则应淘汰。

（四）铺草卷

经育苗地培育出的草像地毯一样，可以卷起来运至工地，又像地毯一样铺开，并及时喷水养护，短时间内即可恢复生机，形成草坪景观，可以争取工期，达到迅速出现高质量的草坪，也可补植受损草坪。这是草坪施工的新工艺（国外早已使用），但成本略高于其他草坪种植方法。

草卷的铺设方法及管理是：

1. 起草搬运

地毯式草卷长宽以 1m 为宜，每卷卷起直径为 20~30cm，重约 30kg（含水量 25%~30%），苗龄 2 个月即可卷起出圃。苗龄越长根系透过无纺布数越大，卷起时较费力，卷带床土较多，但不影响成活。搬运时可采用简易担架，应轻抬轻放避免撕裂。

2. 铺设

轻抬轻放的草卷边缘较整齐，$1m^2$ 接 $1m^2$ 依次铺下，地边地角处可剪裁补贴，接缝处靠紧踏实并适当覆土弥合，切勿边角重叠，否则会使上层接地不实，根系悬空，下层草苗被盖坏死。全部铺完后进行滚压。

3. 养护

第一次水必须浇透，使之与土壤接实，接上地气，便于向下扎根。然后撒上 0.3cm 左右的加肥细土，再浇第二遍水，使根系间填实，有利缓苗复壮。2~3 天后根系代谢正常后，转入正常养护。

北京地区冬天的低温对早熟禾草威胁不大，但干旱和大风对草苗不利。为保护蘖牙翌年返青，上冻前应覆土 0.3cm 后浇冻水，开春土壤解冻前灌水一次，随地温升高，会加速返青。

第四节　垂直绿化施工

一、垂直绿化的概念

垂直绿化是指充分利用不同的立地条件，选择攀援植物，依附在墙面、阳台、棚架等处进行绿化。许多藤蔓植物对土壤、气候的要求并不苛刻，而且生长迅速，可以当年见效。垂直绿化不仅装饰了建筑外表，并为城市立体景观增添自然的生机和柔和悦目的色彩，还能改善整个城镇的生态系统和生活环境。垂直绿化包括墙面绿化、围墙与护栏绿化、花架绿化。

二、垂直绿化的特点和作用

（一）特点

1. 由于垂直绿化使用的材料能依附或者铺贴于各种构筑物及其他空间结构而向高处生长，其基底部分很少占用空间，所以可在不能种植乔木甚至灌木的地方种植。

2. 攀援植物可借缠绕、卷须、吸盘、钩刺等攀至高处，而且有的种类有气根，能在空中吸收水分和养分。

3. 大多数材料生长迅速，是任何其他乔、灌木所不能比拟的。

4. 繁殖容易。

5. 对光的适应性广。

6. 观赏价值高。

（二）作用

1. 能经济利用土地和空间，可在较短的时间内取得较好的绿化效果。

2. 能解决在城市中某些局部因建筑拥挤，空地狭窄，无法用乔灌木来绿化的矛盾。

3. 能起到防热、遮蔽、降温、隔声的作用。

三、垂直绿化的主要形式

（一）棚架式

利用花架或走廊侧边种植藤本植物，牵引向上而覆盖花架、走廊的顶部，形成荫棚或绿廊。

（二）附壁式

在地面与楼面的种植带或花盆中种植具有吸盘或气根的藤本植物，使之依附直立或倾斜平面而引伸扩张，形成绿色壁毯。

（三）常垣式

利用藤本植物把篱架、矮墙、护栏、铁丝网等硬性单调的土木构件变成枝茂叶盛、郁郁葱葱的绿色围护。既美化环境，又隔声、避尘，还能形成令人感到亲切安静的封闭空间。

（四）景框式

用藤本植物将一定形状的支架完全包覆起来，甚至就利用藤本植物给以整形或绑扎，而形成绿色门洞、景窗。一般需加以修剪。

（五）牵挂式

利用绳索、细线、竹竿、死树枯枝把藤本植物支持牵引向上，并形成浓密的绿色景观。

（六）悬蔓式

利用种植容器种植藤蔓或软枝植物，不让它有任何依附牵引向上，而是让其凌空悬挂，形成别具一格的景观。

四、垂直绿化的实施

垂直绿化要充分利用现有的窄地狭缝栽种藤本植物，还要在现有的铺装地表层或砌筑小型种植池进行栽种；要有充足的苗木供应；高层楼房的墙面绿化要分层实施；藤本植物的配置，要周密考虑到不同种类的生物学特性，即它所具备的上升方式要和绿化形式相适应，同时各不同种类的植物对环境条件的适应性也要考虑；要有必要的栽培管理条件。

垂直绿化施工应根据不同攀援植物特性，选用不同的方法和不同的被攀援物。常用的方法有几种：

1. 砌栽植池

为保护攀援植物或在无栽植土的情况下，可砌栽植池，池的大小、深浅视攀援植物种类和生长特性而定。如用地锦攀援墙面，可在靠近建筑物墙下砌宽25~30cm、深30~40cm的栽植池，在池底填15cm的好土，在其上施入薄薄一层腐熟基肥，然后将土填至离池边3~5cm处，将地锦按适当的株距栽入，并稍加镇压，随即浇水。如栽植果用的葡萄、猕猴桃或植株高大粗壮的紫藤等，栽植池应适当加大些，土层也要较深厚。

2. 立支架

采用缠绕性和蔓性的攀援植物如金银花、木香、蔓性月季等时，要立支架，可以用竹竿、绳等牵引，也可根据绿化需要建棚架、栏杆。

3. 用栽植箱

在不便于砌筑栽植池的地方，可用大木箱或大盆进行栽植。箱或盆的大小视攀援植物种类和栽植条件而定，要选用肥力较高、透水、透气性能好的土作栽植土。

五、垂直绿化的施工

（一）建筑物散水处栽植施工

1. 可将植株种在散水外绿地内，整好地栽植。缺点是不便牵引，植株上墙难。
2. 在原散水部位砌成种植池，池内装上好土，将植株栽在池内，便于牵引上墙。
3. 在散水上砌成栽植池，或在散水上放置大盆，将植株栽在盆内，此法效果好。

（二）栏杆、棚架处栽植施工

选择好栽植地，以利植株上爬为原则。整好地，将植株栽好。

（三）栽植的要求

主要注意疏密度，对地锦类很重要，尤其是美国地锦，生长快，吸盘节间长，生长量大，枝条能很快爬满墙。如果栽植密度过大，枝条会过多，无墙面可爬，互相拉扯，造成枝条全部脱墙而下。通过观察，在北京西房山全部种美国地锦，仅5年之间可爬上7层楼。栽植的方法是在散水上砌栽植池，每米栽1株，效果很好。另外5层楼边种地锦，栽植方法同美国地锦，但每米种2株，6年也可爬上6层楼。

所以，栽植地锦类时，要注意疏密度。美国地锦1m种1株。地锦1m种2株，凌霄1m种1株。

六、垂直绿化的养护管理

1. 牵引工作是攀援植物能否迅速上墙、上架的关键，尤其是地锦类，年生长量很大，美国地锦每年生长量可达3~4m，不及时牵引，堆在地上乱爬，生长量小，效果差。

2. 及时浇水、施肥。当年新植的植株，绝对不能缺水，为使植株生长快，还要适当施肥，在生长季节追施化肥。如果有条件者秋末施有机肥，这样植株才能生长旺盛，秋季落叶迟。

3. 要适当修剪。修剪的目的是减轻植株自身的重量，防止枝条下垂。主要剪掉过多的下垂枝、细弱枝、干枯枝、病虫枝、被损伤的枝条等。修剪的时间以冬、春为主，夏季也可随时修剪。

4. 病虫害防治。如果发现病虫害应及时防治，一般情况病虫害较少。

第七章　园林植物养护管理

第一节　园林植物养护管理的概念和意义

园林植物养护管理是指植物栽植后，根据生态习性和生长规律，为保证植物最大化发挥景观效果与生态服务功能而制定的管护措施。

园林植物养护管理是保证植物栽植成活和健康生长的关键环节，关乎绿化质量和景观效果，在园林绿化中具有举足轻重的作用。园林植物的主要功能是美化环境、保护环境和改善环境，但植物是有生命的，种植施工后需要采取长期而合理的浇水、施肥、修剪、防治病虫害、防寒、中耕除草等技术管理，才能保证植物健康苗壮生长。因此园林中有句俗语叫"三分种，七分管"，养护贯穿植物的整个生长过程。养护管理对园林植物具有如下作用：

1. 植物成活与生长的关键环节

植物栽植后成活与否与后期养护管理密切相关，只有及时浇水、防治病虫害，边缘植物及时防寒处理，才能保证植物的成活。植物的枝条疏密、新梢生长量、叶片疏密、叶片大小、叶片颜色等健康指标均需要做好各项管护，因此，植物是否成活与健康成长需要有详细的管护工作日历。

2. 影响城市景观质量

植物具有观叶、观花、观果、观枝干等多个观赏特性，每种观赏特性要达到优良的观赏效果需保证水肥和病虫害防治都跟上，并定期整形修剪，保持冠型优美。

第二节　植物养护标准

根据绿地养护管理质量要求和投入经费情况，园林绿地养护管理分为四个等级，从高到低分别为：特级养护管理、一级养护管理、二级养护管理和三级养护管理，各级养护管理质量标准如下：

一、特级养护质量标准

（一）植物配植

乔灌花草相结合，植物种类（含品种）≥ 20 种，非林下草坪 ≤ 30%。

（二）树木养护管理质量等级

1. 整体效果。树林、树丛群落结构合理，植株疏密得当，层次分明，林冠线和林缘线清晰饱满。孤植树树形完美，树冠饱满。行道树树冠完整，规格整齐一致，缺株≤3%，树干挺直。绿篱无缺株，修剪面平整饱满，直线处平直，曲线处弧度圆润。

2. 生长势。枝叶生长茂盛，观花、观果树种正常开花结果，彩色树种季相特征明显，无枯枝。

3. 排灌。植株未出现失水萎蔫和沥涝现象。

4. 病虫害防治。基本无危害状；枝叶受害率≤3%，树干受害率≤3%。

5. 补植完成时间≤3天。

（三）花卉养护管理质量等级

1. 整体效果。缺株倒伏的花苗≤3%；基本无枯枝、残花。

2. 花期。花期一致。

3. 生长势。植株生长健壮；茎干粗壮，基部分枝强健，蓬径饱满；花型美观，花色鲜艳，株高一致。

4. 杂草覆盖率≤2%。

5. 补植完成时间≤2天。

（四）草坪与地被养护管理质量等级

1. 整体效果。成坪高度应符合 GB/T 18247.7 要求，平坦整洁。

2. 生长势。生长茂盛。

3. 排灌。草坪与地被无明显失水萎蔫现象。

4. 病虫害防治。草坪草受害度≤3%；无杂草。

5. 绿色期。冷季型草不少于300天，暖季型草不少于210天。

6. 覆盖率≥98%。

7. 补植完成时间≤3天。

（五）植物防护

1. 措施得当，无危害症状，对影响绿地植物正常生长的植物应及时清除。

2. 树体上的孔洞应及时用具有弹性的环保材料填充封堵，表面色彩、形状及质感宜与树干相近。

二、一级养护质量标准

（一）树木养护管理质量等级

1. 整体效果。树林、树丛群落结构基本合理，林冠线和林缘线基本完整。孤植树树形基本完美，树冠基本饱满。行道树树冠基本完整，规格基本整齐，无死树，缺株≤5%，树干基本挺直。绿篱基本无缺株，修剪面平整饱满，直线处平直，曲线处弧度圆润。

2. 生长势。枝叶生长正常，观花、观果树种正常开花结果，无大型枯枝。

3. 排灌。植株基本未出现失水萎蔫和沥涝现象。

4. 病虫害防治。无明显危害状；枝叶受害率≤8%，树干受害率≤5%。

5. 补植完成时间≤7天。

（二）花卉养护管理质量等级

1. 整体效果。缺株倒伏的花苗≤8%；枯枝、残花量≤3%。

2. 花期基本一致。

3. 生长势。植株生长基本健壮；茎干粗壮，基部分枝强健，蓬径基本饱满；株高一致。

4. 杂草覆盖率≤5%。

5. 补植完成时间≤4天。

（三）草坪与地被养护管理质量等级

1. 整体效果。成坪高度应符合GB/T 18247.7要求，基本平整；修剪后基本无残留草屑，剪口无明显撕裂现象。

2. 生长良好。

3. 排涝。草坪基本无失水萎蔫现象。

4. 病虫害防治。草坪草受害度≤6%；杂草率不超过2%。

5. 绿色期。冷季型草不少于270天，暖季型草不少于180天。

6. 覆盖率≥95%。

7. 补植完成时间≤5天。

（四）植物防护

基本无危害症状，其他同特级管护要求。

三、二级养护质量标准

（一）树木养护管理质量等级

1. 整体效果。树林、树丛具有基本完整的外貌，有一定的群落结构；孤植树树形基本完美，树冠基本饱满；行道树无死树，缺株≤8%，树冠基本统一，树干基本挺直；绿篱基本无缺株，修剪面平整饱满，直线处平直，曲线处弧度圆润。

2. 植株生长量和叶色基本正常，观花、观果树种基本正常开花结果，无大型枯枝。

3. 排灌。植株失水或积水现象1天内消除。

4. 病虫害防治。无严重危害状；枝叶受害率≤12%，树干受害率≤8%。

5. 补植完成时间≤20天。

（二）花卉养护管理质量等级

1. 整体效果。缺株倒伏的花苗≤12%；枯枝、残花量≤8%。

2. 花期基本一致。

3. 植株生长基本健壮；茎干粗壮，基部分枝强健，蓬径基本饱满；株高基本一致。

4. 杂草覆盖率≤10%。

5. 补植完成时间≤6天。

（三）草坪与地被养护管理质量等级

1. 整体效果。成坪高度应符合 GB/T 18247.7 要求，基本平整；修剪后基本无残留草屑，剪口基本无明显撕裂现象。

2. 生长基本良好。

3. 排涝。草坪无明显失水萎蔫现象。

4. 病虫害防治。草坪草受害度 ≤ 10%；杂草率不超过 5%。

5. 绿色期。冷季型草不少于 240 天，暖季型草不少于 160 天。

6. 覆盖率 ≥ 90%。

7. 补植完成时间 ≤ 7 天。

（四）植物防护

无明显危害症状，其他同特级管护要求。

四、三级养护质量标准

（一）树木养护管理质量等级

1. 整体效果。树林、树丛具有基本完整的外貌，有一定的群落结构；孤植树树形基本完美，树冠基本完整；行道树无死树，缺株 ≤ 10%，树冠基本统一，树干基本挺直；绿篱基本无缺株，修剪面基本平整。

2. 生长势。植株生长量和叶色基本正常，观花、观果树种基本正常开花结果，无大型枯枝。

3. 排灌。植株失水或积水现象 2 天内消除。

4. 病虫害防治。无严重危害状；枝叶受害率 ≤ 15%，树干受害率 ≤ 8%。

5. 补植完成时间 ≤ 20 天。

（二）花卉养护管理质量等级

1. 整体效果。缺株倒伏的花苗 ≤ 15%；枯枝、残花量 ≤ 12%。

2. 花期基本一致。

3. 生长势。植株生长基本健壮；茎干粗壮，基部分枝强健，蓬径基本饱满；株高基本一致。

4. 杂草覆盖率 ≤ 15%。

5. 补植完成时间 ≤ 8 天。

（三）草坪与地被养护管理质量等级

1. 整体效果。成坪高度应符合 GB/T 18247.7 要求，基本平整；修剪后基本无残留草屑，剪口基本无明显撕裂现象。

2. 生长基本良好。

3. 排涝。草坪无明显失水萎蔫现象。

4. 病虫害防治。草坪草受害度 ≤ 15%；杂草率不超过 10%。

5. 绿色期。冷季型草不少于 240 天，暖季型草不少于 160 天。

6. 覆盖率≥80%。

7. 补植完成时间≤9天。

（四）植物防护

无明显危害症状，其他同特级管护要求。

第三节　灌溉与排水

万物生长离不开水，没有水就没有生命，植物也不例外，各种植物生长发育都与水有极为密切的关系。但是不同种类、不同规格的植物在不同生长期对水分的需求不同，掌握植物的生长特性和需水规律是保证植物健壮生长的重要前提。因此，植物新植和干旱时应及时浇水，涝时应及时排水，做到节约用水，合理浇灌与排涝。

一、植物灌溉与排水应遵循的原则

植物浇灌周期和时间并不是一成不变的，灌溉的时间、次数和灌水量由植物生物学特性、生长季节、植物需水特性、栽植时间、土壤立地条件而定，同一树种在不同生长阶段需水量和耐涝能力也是不断变化的。因此，我们应熟悉掌握每种植物的生态习性和生物学特性，适时、适量灌溉，及时排涝。

（一）根据生长季节进行灌溉和排涝

以北京为例，3月份大部分植物开始萌动，此时气候较为干旱，且风大，如果不及时灌溉，植物在干旱和大风的作用下极容易出现干梢现象，因此，尽量在3月10日前浇透水。4~6月是植物旺盛生长期，春花植物陆续开花，花期更需要充足的水分保证花朵娇艳，花量繁丰，而夏秋开花植物正值营养生长和花芽分化期是植物需水的黄金时期，应随时关注植物的生长变化，及时浇水。

7~8月是北京的雨季，降水一般多于其他月份，基本能满足植物正常生长，一方面根据天气酌情灌溉，另一方面做好洪涝时期的排涝工作，保证植物健康生长。

9~11月份，北京处于秋高气爽的干燥时节，降雨量逐渐减少，植物枝条也需要充分木质化来抵御冬季寒冷气候，此时尽量减少浇水次数，以免植物徒长，但特别干旱年份也应适当浇水。11月下旬，大多数植物开始落叶并进入休眠，土壤开始冻结，应在土壤冻结前对植物灌封冻水，浇足浇透。

12月~翌年2月，植物处于休眠期，在浇足冻水的情况下植物即可安全越冬，如果暖冬或天气回暖，浇冻水后土壤一直未上冻，可在12月份依据气温补浇一次冻水。

（二）根据植物特性进行灌溉和排涝

不同植物的需水规律各不相同，根据需水特性将植物分为旱生植物、中生植物和湿生植物。对于旱生植物如油松、侧柏、刺槐、柽柳、紫穗槐等灌溉量和灌水次数可适当减少或靠自然降水生长；湿生植物如水杉、垂柳、枫杨、水曲柳等应注意灌水，但对排水要求不严格；大多数植物为中生类，这类植物视天气情况应及时灌溉和排涝。处于花果期的植物，其需水量明显高于营养生长期，此时应酌情灌溉，保证植物正常开花结果。

（三）根据栽植年限进行灌溉和排涝

新植植物需要连续浇灌 3 次透水，之后根据植物需水特性和天气情况酌情浇灌，土壤不可过于干旱，缓苗后正常养护即可。新植乔木需要连续灌水 3~5 年；土质不好或干旱年份，及缓苗周期长的树种，应延长灌水年限，直到植物能依靠根系从地下吸收水分维持正常生长。

（四）根据土壤条件进行灌溉和排涝

灌溉和排水除受生长季节、植物特性和栽植年限影响外，土壤条件包括质地、类型、结构也影响灌溉次数和排涝。沙壤土保水力差，应适当增加灌水次数，雨季积水渗透快，短期内积水不需排涝；黏土保水力强，可适当减少灌溉量和灌溉次数，但积水时需要及时排出，否则容易造成涝灾。

二、植物灌溉

（一）灌溉顺序

植物浇水必须掌握新植苗木、小苗、灌木、阔叶树要优先，因为新植苗木根系受损伤，小苗和灌木根系分布浅，抗旱力较差；阔叶树蒸发量大，需要及时补充大量水分。定植多年的苗木和大树根系已深扎土壤，庞大的根系完全能抵御短期的缺水；大多数针叶树种抗干旱能力极强，且植株本身蒸发量小，因此定植多年的苗木、大树和针叶树与新植苗木相比，可后灌溉。

（二）灌溉时间

植物灌溉除新植植株连灌 3 次水外，灌溉需求基本按照物候期进行，包括休眠期灌水和生长期灌水。

1. 休眠期灌水

多于秋冬土壤封冻前和早春土壤解冻时进行。北京属典型的温带大陆性季风气候，冬季漫长而严寒，且风力较大，及时充足灌水显得尤为重要，这个时期的灌水通常称为"封冻水"。冻水灌足后，土壤因水分充足冻土层比较密实，根系受到保护，可提高树木越冬和早春抵御干旱的能力。抗寒能力差的边缘树种和新植植株，及小苗更应灌足封冻水。

植物经过漫长干冷和多风少雪的冬季，初冬浇灌的冻水随着温度升高和土壤解除封冻已消失殆尽，此时土壤仍非常干旱，而植物根系萌动时间早于地上部分，更需要及时补充水分，因此早春解冻前后及时灌水非常重要，这个时期的灌水成为"返春水"。对于抗寒能力差的边缘植物、新植植株和小苗，返春水应在土壤解冻前、气温连续快速回升时浇灌。

2. 生长期灌水

植物生长期灌水包括花前灌水、花后灌水和花芽分化期灌水。

（1）花前灌水

北京春季多以干旱大风天气为主，春花类植物较多，需及时补充水分保证植物萌芽、展叶、开花、座果，同时还可防止倒春寒、早春生理干旱和晚霜对植物生长的影响。有些喜肥植物花前灌水也可结合花前追肥进行，水肥兼顾，保证植物花繁叶茂。

（2）花后灌水

植物开花需要消耗大量水分和养分，花谢后植物开始座果，新梢也进入快速生长期，此时需要充足水分来提高座果率和促进新梢生长。

（3）花芽分化期灌水

花芽分化数量和质量影响植物观花观果等景观效果。春花树木的花芽分化为夏秋分化型，夏花树种的花芽分化为当年分化型，多次开花月季的花芽分化为多次分化型。因此，应掌握不同植物的物候特点，做好花芽分化期的灌溉工作。

植物灌溉并非一天中任何时间均可，应根据季节合理安排灌溉时间。春末、夏季和秋初中午气温较高，如此时浇灌，会使土壤温度骤降，导致根部呼吸困难，引起生理干旱，以致出现暂时萎蔫。

（三）灌溉量

根据北京地区气候特点和多年植物养护经验，在春季对植物应该做到开大堰，浇大水，浇足水。除生长壮年乔木外，无论公园、绿地、行道树，春季先开浇水堰。堰的高度、厚度10~15cm 不跑水、不漏水。已安装铁算子的行道树应该清理 10cm 的容水空间或铁算子下四角埋浇水花管。喷灌方式适合草坪和花灌木，对高大乔木用单株或成片连堰浇灌，也可采用滴灌，保证水滴在树根部。总之，灌水量是根据不同树种的习性、树龄，不同季节、气候和土壤条件，合理灌溉。

（四）灌溉次数、方法和年限

1. 灌溉次数

北京地区对植物养护灌溉次数在雨雪量正常年份，每年不少于 6 次，3 月、4 月、5 月、6 月、9 月和 11 月各一次。近年来，北京地区植物生长环境发生变化，一是天气干旱少雨；二是大面积铺装，造成雨水不能渗入土壤；三是地下水位迅速下降，造成喜水植物、速生植物生长不良。因此，干旱年份、硬质铺装栽植植物及地下水位高的地方适当增加灌溉次数，确保植物健康生长。

2. 灌溉年限

植物定植后，一般乔木需连续灌溉 3~5 年，灌木最少 5 年，土质不好之处或植物因缺水而生长不良，以及干旱年份，则应延长灌水年限直到植物根深不灌水也能正常生长为止。

3. 灌溉方法

结合北京气候特点，植物灌溉常用方法有开沟人工浇灌、单堰灌溉、畦灌、喷灌和滴灌，前面 3 种需人工看护，后 2 种随着技术的发展，已进入智能化控制灌溉。

（1）人工浇灌。包括开沟直接浇灌和胶管引水灌溉。这种方法水量足，适于移植初期和乔木等需水量植物的浇灌。

（2）单堰灌溉。每株单独修堰进行灌溉，一般用于行道树、地势不平坦、规格偏大、珍贵稀少树种等的灌溉处理，确保每株能灌足浇匀。

（3）畦灌。多株连片打通做畦灌溉，适用于地势平坦、株行距较密、水源充足、人流较少的地方。

（4）喷灌。在园林绿化中使用较为普遍，可根据植物需水特性智能设计灌溉模式，简单便捷。这种方法适合低矮类花灌木，或少量多次的花卉和草坪浇灌。

（5）滴灌。目前逐渐得到广泛应用，该灌溉方式属于局部灌溉，只湿润植株根部，且出水口小，如果水中杂质多，易引起滴头的堵塞，造成出水量减少，影响灌溉效果。适合花卉和草坪浇灌。

三、植物排水

植物一生中离不开水分，但如果水分过多，土壤中所有空隙达到饱和状态，空气被排挤出去，土壤中没有空气，会造成植物根系缺氧，树根生长受损，严重时会使植物死亡。北京地区怕涝树种有油松、白皮松、国槐、刺槐、桃树等，应注意雨季排涝。

（一）明沟排水

在地表挖明沟将低洼处的积水排出绿地，目前城市中应用较少，一般适用于大雨后抢排、地势不平、不易实现地表径流处。明沟的宽窄依据水情大小来定，沟底坡度以0.2%~0.5%为宜。

（二）暗沟排水

在公园、绿地中埋设管道或砌筑暗沟，将地势低洼处积水引出。此方法可保留地面原貌，不影响地面交通，同时节约用地。

（三）地面排水

公园、绿地设计时考虑排水问题，将原有地面设计有一定坡度，保证雨水顺坡度流到河、湖或下水道排走，节省费用又不留痕迹，常用排水坡度为0.1%~0.3%。

第四节　园林植物施肥

一、施肥作用

园林植物尤其树木定植在一个地方，生长多年甚至百年以上，树根从土壤吸收养分供应植株正常生长的需要。但土壤中所含氮、磷、钾及微量元素是有限的，如果不及时补充营养，植株则会因土壤贫瘠影响植物健康生长，严重者甚至死亡。因此，植物生长过程中需要通过施肥来补充养分，提高肥力。通过施肥主要解决以下问题。

（一）供给植物生长所需养分

植物在水分供应充足的情况下，新梢生长很大程度上取决于氮肥。随着新梢生长结束，植物需氮量会很大程度降低。适当施含磷、钾肥料对植物营养物的积累，提高植物抗寒力，和对花芽分化有利。观花观果的园林植物适量增施磷肥对植物有利。在北京地区越冬困难的树种，在雨季过后，更要控制浇水和氮肥的使用。

（二）改良土壤性质

特别是施用有机肥，可以提高土壤温度，改善土壤结构，增加团粒，疏松土壤，有利植物新根生长，提高土壤渗水性、透气性和保肥水能力。

（三）有利土壤微生物繁殖

土壤微生物活动有利于促进肥料分解，改善土壤化学反应，使土壤盐类成为可吸收状态，保证植物健壮生长。

二、施肥方法及注意事项

（一）基肥

基肥是在较长时间内供给植物养分的基本肥料，以迟效应肥料为主，包括粪肥、圈肥、堆肥、饼肥、鱼肥、血肥，及腐烂的树枝、落叶、秸秆类绿肥等，经发酵腐熟降解后，与其他基质按一定比例混合使用。基肥的肥效性较长，可每隔几年施用一次。基肥施用方法有穴施、环施、放射沟施肥和条沟施肥。

1. 穴施法

在树冠投影边缘挖掘若干个直径 30cm 左右的单个洞穴，穴的深度和数量根据植株规格来定，施肥后覆土踏实，与地面平。

2. 环施法

沿树冠投影线外缘挖 30~40cm 宽环状沟，施入肥料后覆土踏实，每隔 4~5 年施肥一次。此法围绕根系一圈，树根着肥比较均匀。

3. 放射沟施肥

以树干为中心，向外挖 4~6 条渐远渐深的沟，沟的长度稍微超过树冠正投影线，沟的深度以植株根系主要分布层为准，将肥料施入后覆土踏实。

4. 条沟施肥

在植株行间开沟，开沟深度和宽度视行距而定，施入肥料后覆土踏实，可与土壤深翻一起进行。

上述 4 种方法可轮流使用，互相弥补优缺点，促进植物健康生长。

（二）追肥

追肥是在植物生长季节施用化学肥料或微生物菌肥，以促使植物枝繁叶茂、花果繁丰。追肥可根据植物需肥特点适时施用，常用的方法有根施和根外追肥两种。

1. 根施法

根据植物大小计算施肥量，把肥料按穴施方法埋入土壤，或结合灌水把肥料施于灌水堰内，随水渗入土中，有根系吸收后供给植株生长。

2. 根外施肥

也叫叶面喷肥，是将肥料按规定的比例稀释成肥液，用喷雾设施雾化后喷洒于植物叶片或枝干上，通过叶片上的气孔和角质层进入叶片，并运输到植株的各个器官，直接被地上部分吸收利用；有时也可结合打药混合喷施。喷施时间以上午 9 点以前或下午 5 点之后为宜，中午阳光过强时不利于喷施。

（三）施肥注意事项

施有机肥一定要发酵腐熟；施用化肥必须粉碎成粉状，用量标准，撒布均匀；施肥后必须灌水，充分发挥肥效，避免肥害；叶面喷肥应避开中午或大风天，最好在早、晚进行。

第五节　园林树木整形修剪

一、修剪的概念

修剪的定义分广义和狭义修剪之分。狭义修剪对植物是指的某些器官，如枝、芽、叶、花、果实及根等加以疏剪或短截，目的是调节植物生长，促使开花结果。广义修剪包括整形，是指用剪、锯、捆绑、扎等手段，使植物生长成栽培者所希望的特定形状。狭义修剪和广义修剪合称为整形修剪。整形是目的，修剪是手段。

二、整形修剪的目的

（一）促控生长

树木地上部分的大小与长势如何，决定于根系状况和土壤中可吸收水分、养分的多少。树木通过修剪，可以剪去地上部不需要部分，使水分、养分集中供应留下的枝芽，促使局部生长。若修剪过重，对树体又有削弱作用，这叫做修剪的双重作用。但具体是促还是抑，因修剪方法、轻重、时期、树龄、剪口芽质量而异，因而可以通过修剪来恢复或调节均衡树势，既可使衰弱部分壮起来，也可使过旺部分弱下来。对潜芽寿命长的衰弱树或古树，适当重剪，结合施肥、浇水，促潜芽萌发，进行更新复壮。

（二）美化树形

不同植物的树形具有自然美，但因环境和人为的影响，使树形遭到破坏。如行道树上面有架空线、树冠下有行人和车辆通行，行道树需要通过修剪满足要求。园林景点的孤植树和群植树木，通过整形修剪，使树木的自然美与人为干预后的艺术揉为一体。园林建筑的艺术美与整形修剪后树木的自然美交织一起，形成自然和谐的艺术景观。

从树冠结构来说，经过人工整形修剪的树木，各级枝序的分布和排列会更科学、更合理。各层主枝上排列分布有序，错落有致，各占一定位置和空间，互不干扰，层次分明，主从关系明确，结构合理，树形美观协调。

修剪方法不是一成不变的，根据树种、树龄、生长势、生长环境、管理条件、绿地功能需求等因素来决定具体的修剪方法，如小叶黄杨作为绿篱应用时，树形要求是修剪高度一致，用作球形或不同造型时，则按照要求进行修剪。

（三）协调比例

园林空间充裕、放任生长的乔木往往树冠庞大。在园林景观中，树木有时起陪衬作用，不需要过于高大，以便和某些景点或建筑物相互烘托，相互协调，或形成强烈对比。因此必须通过合理整形修剪，加以控制比例，保持它在景观中适当位置。在建筑物窗前绿化、修剪，即美观大方又利于采光。与假山配植树木修剪，应控制树木高度，使其以小见大，衬出山体高大。

（四）调解矛盾

城市中，由于市政建设设施复杂，常与树木发生矛盾，尤其行道树，上面架有电线，下面埋有各种管道和缆线，地面有人流车辆等问题。为保证树枝上下不摩擦电线，不妨碍交通人流，主要靠修剪解决，而且应该做到及时合理。

（五）调整树势

园林树木因生长环境不同，生长情况各异。如片林中的树木，为争得上方阳光照射，向高处生长，主干高大，主侧枝短小，所以树冠瘦长。相反孤植树木，同样的树种，同样树龄，则树冠大，主干相对低矮，修剪可以部分改变这种现象。

树木地上部分大小，生长势强弱，受根系在土壤中吸收水分养分的多少影响。水分、养分充足，生长旺盛，枝繁叶茂；水分、养分不足，出现枝弱、叶小，甚至焦黄的现象。利用修剪方法，剪去一部分不需要枝条，使水分、养分更集中供应给留下的枝条、叶片和芽的生长。

修剪可促使局部生长。由于枝条生长有强有弱，出现偏冠影响观赏，甚至倒伏。对强枝及早改变先端生长方向，开张角度，使强枝处于平缓状态，减弱生长或者直接剪去强枝，留下弱枝。但修剪量不能过大，防止消弱树势。具体到每一株树木修剪时，根据修剪时期、树龄，修剪轻重，剪锯口处理，即可促使衰弱部分壮起来，也可使过旺部分弱起来。对于具有潜伏芽、寿命长的衰老树，适当重剪，结合肥水管理，可使其更新复壮。

（六）改善通风透光条件

自然生长或修剪不当树木，往往枝条密生，树冠郁闭，内膛细弱，枝老化、枯死。树冠顶部枝密叶茂，下部光脱，而且冠内湿度相对较大，易发生病虫危害。通过修剪疏枝，使树冠内通风透光，促使下部枝条健壮生长，对开花、结果树有利，可促使花芽分化，减少病虫害的发生，提高树木的观赏性。

（七）提高观赏性

观花、观果树木，除幼龄树外，用修剪方法，促使生长中庸条，使树势平缓，对开花结果有利。树势强产生大量叶枝，不开花、结果或者少量开花结果。树势弱，枝条细柔，不能形成花芽，就不可能开花结果。要想提高开花结果率，修剪时首先了解树木生长开花结果习性，即花芽形成与枝条年龄的关系，以及花芽在枝条上的位置。随意短截或疏枝，有时将顶花芽剪去（如丁香），有的将花束状枝短截，花落后成为死枝。另有一种情况在修剪时不顾树龄大小，不看树木生长势强弱，不看花芽多少，不分树木开花习性，一律强短截（推平头）。因刺激太强，翌年抽出大量新枝，又粗又长，造成疯长，无花或少花。

三、整形修剪的原则

（一）满足园林景观需求

不同的整形修剪措施会造成不同的效果，不同的应用环境有其特殊的修剪要求。因此，修剪应因景观需要而定。如白蜡作为行道树应用时，修剪应考虑分枝点高和大枝的分布均匀，在公园和绿地应用形，则以自然状态，树冠圆满即可；侧柏做乔木栽植需主干明显，冠型匀称，而作为绿篱应用时，则需要通过修建保持高度整齐一致。

（二）遵循植物生长发育习性

修剪应充分考虑植物的生长发育习性，因树而异，一种树或同类树采用相同的修剪方法。

1. 首先，应考虑植物的生长习性和分枝特性

不同树种的生长习性有很大差异，必须采用不同的修剪方法。如银杏、桧柏、毛白杨，顶芽的生长势特别强，形成明显的主干，这一类习性的树种应采用保留中央领导干的修剪方式，形成圆柱形、圆锥形。对于一些顶端优势不太强，但发枝能力却很强的树种，如榆叶梅、猬实、丁香、毛樱桃等，可修剪成圆球形、半圆球形。

修剪应充分考虑不同树种萌芽发枝力的大小和愈伤能力的强弱，对于萌枝力强的悬铃木、大叶黄杨、圆柏等，可多次修剪；而对于萌枝力弱或愈伤能力弱的玉兰、梧桐等树种，应减少修剪次数，或只进行轻度修剪。

2. 其次，应考虑植物的开花特性

不同树种开花时间有很大差异，有的先花后叶，有的先叶后花，有的仅仅是花芽，有的则是花芽和叶芽的混合芽，有的花芽着生于枝条的中部或下部，有的着生于顶梢，这些都需在修剪时给予考虑。

3. 再次，应考虑植物生命周期

植物不同生长阶段的修剪次数和修剪方法不尽相同。幼树处于旺盛生长期，为了形成良好的树体结构，应对各级骨干枝的延长枝采用重短截的修剪方法；若为提早开花，则应轻短截为主。进入衰老期的植物，修剪应以重短截为主，促进更新复壮活力，恢复生长势。

第八章　植物保护

本章提要： 介绍昆虫及病害基础知识、有害生物综合防治、常见害虫的识别与防治方法。

学习目的： 了解昆虫的主要形态特征，了解园林植物害虫的主要类别，掌握昆虫生物学与病害的一般知识及常发性主要害虫的识别与防治方法。

第一节　园林植物保护基础知识

一、昆虫基础知识

昆虫属于节肢动物门昆虫纲，是动物界中最为繁盛的 1 个类群，研究表明，地球上的昆虫可能达 1000 万种，约占全球生物多样性的一半。目前已经被命名的昆虫在 102 万种左右，占动物界已知种类的 2/3。

（一）昆虫的命名

昆虫名称有拉丁学名、中文学名和俗名。拉丁学名常采用林奈的双名法。双名法即昆虫种的学名由两个拉丁词构成，第一个词为属名，第二个为种本名，如国槐尺蠖 *Semiothisa cinerearia* Bremer et Grey，俗名称为吊死鬼。分类学著作中，学名后面还常常加上定名人的姓。但定名人的姓氏不包括在双名法内。学名印刷时常用斜体，以便识别。

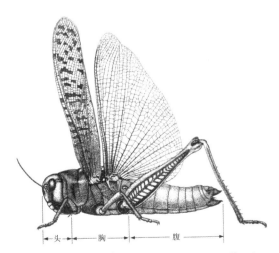

图 8-1　东亚飞蝗 *Locusta migratoria manilensis* (Meyen)，昆虫的基本构造（彩万志图）

（二）昆虫纲的基本特征

昆虫的种类很多，由于对不同生活环境和生活方式的长期适应，其身体结构也发生了多种多样的变化。科学意义上的昆虫是成虫期具有下列特征的一类节肢动物：

1. 体躯由若干环节组成，这些环节集合成头、胸、腹 3 个体段（图 8-1）。

2. 头部是取食与感觉的中心，具有口器和触角，通常还有复眼及单眼。

3. 胸部是运动与支撑的中心，成虫阶段具有 3 对足，一般还有 2 对翅。

4. 腹部是生殖与代谢的中心，其中包括着生殖系统和大部分内脏，无行走用的附肢。

昆虫在生长发育过程中，通常要经过一系列内部及外部形态的变化才能变成性成熟的个体。另外，还需要指出的是，并非所有在特定时期内具有 3 对足的动物都是昆虫，如一些蛛形纲、倍足纲和寡足纲的初龄幼虫就具有 3 对足。

（三）昆虫的分类

界、门、纲、目、科、属、种是分类的 7 个主要阶元。昆虫的分类地位为动物界、节肢动物门、昆虫纲。昆虫共分为 35 个目，与园林植物密切相关的常见昆虫目有以下几种。

1. 鳞翅目：蝶类和蛾类均属于此目。成虫体和翅上密被鳞片，形成各种颜色和图形。成虫口器虹吸式、幼虫口器咀嚼式。

2. 鞘翅目：前翅鞘翅，后翅膜质。口器咀嚼式。本目中的害虫如金龟子、天牛、小蠹虫等；益虫如瓢虫等。

3. 同翅目：该目昆虫全为植食性，以刺吸式口器吸食植物汁液，许多种类可以传播植物病毒病。蚜虫、介壳虫、粉虱和叶蝉均属于此目。

4. 直翅目：体小至大型。口器为典型的咀嚼式。翅通常 2 对，前翅窄长，加厚成皮革质，称为覆翅，后翅膜质。如蝗虫、蝼蛄等。

5. 膜翅目：翅膜质，透明，两对翅质地相似。口器咀嚼式或嚼吸式。本目中的害虫如叶蜂、茎蜂等；益虫如赤眼蜂、肿腿蜂、周氏啮小蜂和姬蜂等。

6. 双翅目：成虫只有 1 对发达的膜质前翅，后翅特化为棒翅。口器刺吸式、刮吸式或舐吸式。如潜叶蝇、食蚜蝇、菊瘿蚊等。

7. 缨翅目：体小型至微小型，2 对翅为缨翅。口器锉吸式。如蓟马。

（四）昆虫生物学

1. 昆虫的发育与变态

（1）昆虫个体发育

除孤雌生殖的种类外，昆虫的个体发育包括胚前发育、胚胎发育和胚后发育 3 个阶段。

（2）昆虫的变态

昆虫的个体发育过程中，特别是在胚后发育阶段要经过一系列的形态变化，即变态。

根据各虫态体节数目的变化、虫态的分化及翅的发生等特征，可将昆虫的变态分为 5 大类：增节变态、表变态、原变态、不全变态、全变态。

全变态类昆虫一生经过卵、幼虫、蛹和成虫 4 个不同的虫态，如国槐尺蠖等。

不全变态这类变态又称直接变态，只经过卵期、幼期和成虫期 3 个阶段，如蝗虫、蝼蛄等。

2. 昆虫的世代及生活史

（1）世代

昆虫的新个体（卵或幼虫或若虫或稚虫）自离开母体到性成熟产生后代为止的发育过程叫生命周期，通常称这样的 1 个过程为 1 个世代。

（2）生活史

指一种昆虫在一定阶段的发育史。生活史常以 1 年或 1 代为时间范围，昆虫在 1 年中的生活史称年生活史或生活年史，而昆虫完成一个生命周期的发育史称代生活史或生活代史。

各种昆虫世代的长短和一年内所能完成的世代数有所不同，如蚜虫一年发生 10 多代，国槐尺蠖一年发生 4 代。同一种昆虫因受环境因子的影响，每年的发生代数有所不同，如黏虫在中国东北北部每年发生 2 代，在华北大部分地区每年 3 ~ 4 代，而在华南地区每年多达6 代。

3. 昆虫的习性

习性是昆虫种或种群具有的生物学特征，亲缘关系相近的昆虫往往具有相似的习性。主要有食性、活动的昼夜节律、趋性、群集性、假死性等。

食性就是取食的习性。昆虫多样性的产生与其食性的分化是分不开的。根据昆虫食物的性质，可分为植食性、肉食性、腐食性、杂食性。根据食物的范围，可将食性分为单食性（如国槐小卷蛾）、寡食性（如双条杉天牛）和多食性（如日本龟蜡蚧、温室白粉虱）。

了解并掌握昆虫的习性与行为，对于昆虫的研究、害虫的防控和益虫的利用有着重要的指导意义。

二、病害基础知识

（一）植物病害的概念与类型

1. 植物病害的概念

植物在生长发育过程中由于受到病原生物的侵染或不良环境条件的影响，其影响或干扰强度超过了植物能够忍耐的限度，植物正常的生理代谢功能受到严重影响，产生一系列病理学变化过程，在生理和形态上偏离了正常发育的植物状态，有的植株甚至死亡，造成显著的经济损失，这种现象就是植物病害。

2. 病因

引起植物偏离正常生长发育状态而表现病变的因素。植物发生病害的原因是多方面的，大体上可分为 3 种：①植物自身的遗传因子异常；②不良的物理化学环境条件；③病原生物的侵染。

3. 植物病害的类型

按照病因类型来区分，植物病害分为两大类。

（1）侵染性病害：有病原生物因素侵染造成的病害。因为病原生物能够在植株间传染，因而又称传染性病害。侵染性病害的病原生物种类有真菌、藻物、细菌、病毒、寄生植物、线虫和原生动物等。

（2）非侵染性病害：没有病原生物参与，只是由于植物自身的原因或由于外界环境条件的恶化所引起的病害，这类病害在植株间不会传染，因此称为非侵染性病害或非传染性病害。按病因不同，非侵染性病害还可分为：①植物自身遗传因子或先天性缺陷引起的遗传性病害或生理病害；②物理因素恶化所致病害；③化学因素恶化所致病害。

（二）植物病害的症状

症状是植物受病原生物或不良环境因素的侵扰后，植物内部的生理活动和外观的生长发育所显示的某种异常状态。

植物病害的症状表现十分复杂，按照症状在植物体显示部位的不同，可分为内部症状与外部症状两类；在外部症状中，按照有无病原物出现可分为病征与病状两种。非特指情况下对症状的术语使用并不严格，通常都称为症状。

1. 病状类型

植物病害病状变化很多，但归纳起来有 5 种类型，即变色、坏死、萎蔫、腐烂和畸形。

2. 病征

病征和病状都是病害症状的一部分，病征只有在侵染性病害中才有出现，所有的非侵染性病害都没有病征出现。一般来说，在侵染性病害中，除了植物病毒病害和植原体病害在外表不显示任何特殊的病征之外，其他的侵染性病害在外表有时可见到多种类型的病征，尤其是菌物类病害和寄生植物所致病害最为明显。在条件适宜时，大多数菌物侵染引起的病部表面，先后可产生一些病原物的子实体等。为了便于描述，可以将这些病征分别称为下列不同的病征类型：①霉状物或丝状物；②粉状物或锈状物；③颗粒状物；④垫状物或点状物；⑤索状物；⑥菌脓或流胶。

（三）常见菌物类病害

1. 月季黑斑病

病原菌主要侵染叶部，也危害叶柄、嫩枝、花梗、花瓣。发病初期叶片出现褐色斑点，逐渐扩大成紫褐色，边缘呈放射状的病斑，病斑上散生许多黑色颗粒小点，后期病斑相连，叶片变黄脱落。5 月开始发病，7 ～ 9 月为发病盛期（图 8-2）。

图 8-2　月季黑斑病

2. 黄栌白粉病

被害叶片的正面首先出现白色粉霉状斑点，逐渐扩大形成近圆形斑，发病严重时，整个叶面上布满一层灰白色粉状物，之后在粉层上出现黄褐至黑褐色的颗粒物，被害叶片焦枯变黑并脱落。5 月降雨早发病亦早，8 ～ 9 月病情发展迅速（图 8-3）。

图 8-3　黄栌白粉病

3.毛白杨锈病

毛白杨锈病发生普遍，主要危害毛白杨幼苗和幼树芽、叶片及嫩梢等，严重时提早落叶，影响苗木生长。

病原菌在毛白杨冬芽内越冬，北京地区 4 月中下旬开始发病，病芽发芽提前，叶不能展开，被黄色的夏孢子粉覆盖，发病严重的很快枯死。越冬病芽是当年初侵染源（图 8-4 ）。

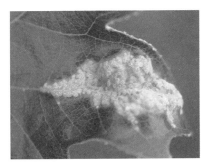

图 8-4a　毛白杨锈病叶片正面危害状　　　　图 8-4b　毛白杨锈病叶片背面危害状

发病的叶片及嫩梢上布满黄色的夏孢子堆。5 ~ 6 月为发病盛期。春末夏初雨水多，当年发病重。

三、有害生物综合防治

植物保护是研究植物的有害生物——病原物、害虫和杂草等的生物学特征、发生发展规律和防治方法的一门科学。

20 世纪 40 年代后，植物有害生物的防治基本上是以化学防治占主导地位。1972 年美国环境质量委员会提出了 "Integrated Pest Management（简称 IPM）" 有害生物综合治理的概念。1975 年，由农林部召开的全国植物保护工作会议上，将 "预防为主，综合防治" 确认为我国植物保护的工作方针。综合防治是以农业生产的全局和农业生态系的总体观点出发，以预防为主，充分利用自然界抑制病虫的因素和创造不利病虫发生为害的条件，有机地使用各种必要的防治措施，经济、安全、有效地控制病虫害，以达到高产、稳产的目的。目前，"预防为主，综合防治"仍是我国的植保工作方针，但其内涵已经有了很大提高，与国外 IPM 的发展基本接轨。在 1986 召开的第二次全国植物保护学术研讨会上，我国植保专家给有害生物综合治理（IPM）下了如下定义：有害生物综合治理是一种农田有害生物种群管理策略和管理系统。它从生态学和系统论的观点出发，针对整个农田生态系统，研究生物种群动态和相联系的环境，采用尽可能相互协调的有效防治措施，并充分发挥自然抑制因素的作用，将有害生物种群控制在经济损害水平以下，并使防治措施对农田生态系统内外的不良影响减少到最低限度，以获得最佳的经济、生态和社会效益。综合防治是对有害生物进行科学管理的体系。它从农田生态系统的总体出发，根据有害生物和环境之间的相互关系，充分发挥自然因素的控制作用，因地制宜地协调应用多种必要措施，将有害生物控制在经济允许为害水平以下，以期获得最佳的经济、社会和生态效益。

（一）植物检疫

检疫是根据国际法律、法规对某国生物及其产品和其他相关物品实施科学检验鉴定与处理，以防止有害生物在国内蔓延和国际传播的一项强制性行政措施。植物检疫是植物保护总体系中的一个重要组成部分，它作为预防危险性植物病虫传播扩散措施已被世界各国政府重视和采用。

植物检疫的主要措施：①划分疫区；②建立无危险性病、虫、杂草的种子种苗繁育基地；③产地检疫；④调运植物检疫；⑤市场检疫；⑥国外引种检疫；⑦办理植物检疫登记证；⑧疫情的扑灭与控制。检疫处理的方法大体上有 4 种，即退回、销毁、除害和隔离检疫。

为防止检疫性、危险性林业有害生物的入侵和传播蔓延，保护首都生态环境，根据《中华人民共和国森林法》和国务院《植物检疫条例》等法律、法规的规定，结合北京市实际情况，制定了《北京市林业植物检疫办法》。本市行政区域内林业植物及其产品的检疫活动，应当遵守《北京市林业植物检疫办法》。例如：林业植物种苗繁育基地、母树林、花圃、果园的生产经营者，应当在生产期间或者调运之前向当地林检机构申请产地检疫。对检疫合格的，由检疫员签发《产地检疫合格证》；对检疫不合格的，签发《检疫处理通知单》。

我国十分重视植物检疫工作，根据国内外的植物检疫性有害生物的状况，制订了针对不同目的的植物检疫性有害生物名单，并适时进行必要的调整和修订。

（二）园艺防治

园艺防治是指在掌握园林生态系统中植物、环境（土壤环境和小气候环境）和有害生物三者相互关系的基础上，通过改进栽培技术措施，有目的地创造有利于植物生长发育而不利于有害生物发生、繁殖和危害的环境条件，以达到控制其数量和危害，保护植物的目的。

园艺防治所包括内容总的可分为栽培防治和植物抗性品种利用两个方面。

（三）物理防治

物理防治又称物理机械防治，是指根据有害生物的某些生物学特性，利用各种物理因子、人工或器械防治有害生物的植物保护措施。常用方法有人工和简单机械捕杀、温度控制、诱杀、阻隔分离以及微波辐射等。物理防治见效快，常可把病虫消灭在盛发期前，也可作为害虫大量发生时的一种应急措施。

物理防治技术包括：①热力法（高温杀（病）虫、低温杀（病）虫）；②汰选法（如用手选较大的种苗）；③阻隔法（如围环阻止草履蚧上树）；④辐射法；⑤趋性的利用（如灯光诱杀、食饵诱杀、潜所诱杀、其他诱杀或驱赶方法等）。

（四）生物防治

生物防治是一门研究利用寄生性天敌、捕食性天敌以及病原微生物来控制病、虫、草害的理论和实践的科学。

害虫生物防治领域不断扩大，近年来，由于病虫防治新技术的不断发展，如利用昆虫不育性（辐射不育、化学不育、遗传不育）及昆虫内外激素、噬菌体、内疗素和植物抗性等在病虫防治方面的进展，从而扩大了生物防治的领域。

（五）化学防治

植物化学保护是应用化学农药来防治害虫、害螨、病菌、线虫、杂草及鼠类等有害生物和调节植物生长，保护农、林业生产的一门科学。

在植物保护措施中，化学保护即化学防治，由于其具有对防治对象高效、速效、操作方便，适应性广及经济效益显著等特点，因此，在有害生物的综合防治体系中占有重要地位。但在应用大量农药的同时，也出现了农药综合症，即害虫产生了抗药性、次要害虫上升为主要害虫引起害虫再猖獗、农药残留问题，也就是当今世界上的"3R"问题。有害生物抗药性治理是通过时间与空间大范围限制农药的使用，从而达到保存有害生物对农药的敏感性来维持农药的有效性。目前一般采取的主要措施如下：①采用综合防治措施；②合理用药与采取正确的施药技术；③交替轮换用药；④混合用药；⑤间断用药。

第二节 主要害虫识别与防治

一、食叶性害虫

1. 国槐尺蠖

属鳞翅目，尺蛾科，俗称"吊死鬼"。

分布与危害： 全国分布，在北京、华北及西北等地危害严重，是北京地区严重扰民的暴食性食叶害虫。主要危害国槐、龙爪槐和蝴蝶槐等。幼虫具吐丝下垂习性，严重危害时可将叶片全部吃光，仅剩叶脉。

形态特征： 成虫体长 12 ~ 17mm，体灰黄褐色。触角丝状，前后翅面上各有 3 条深褐色波状纹。卵椭圆形，初产时绿色。幼虫两型，老熟幼虫体长 20 ~ 40mm。胸足 3 对，腹足和臀足各 1 对，行走时体曲如弓，故称尺蠖。蛹圆锥形，由粉绿色渐变为褐色（图8-5）。

生物学特性： 一年发生 4 代，以蛹在树干基部周围的浅土层内或石块下越冬。翌年 4 月中旬成虫羽化，成虫日伏夜出活动与产卵，有趋光性和取食清水、花蜜补充营养特性。卵多

图 8-5a 国槐尺蠖成虫

图 8-5b 国槐尺蠖幼虫

图 8-5c 国槐尺蠖危害状

产在叶正面主脉上。幼虫共 6 龄，昼夜均可取食。4 月下旬～9 月上旬均有幼虫危害，世代重叠。

防治方法：

（1）人工挖蛹，消灭虫源。

（2）使用诱虫杀虫灯监测诱杀成虫。

（3）第 1 代低龄幼虫期是全年防治的关键时期。低龄幼虫期，使用除虫脲、灭幼脲等喷雾防治；高龄幼虫期，使用高效氯氟氰菊酯、烟参碱等喷雾防治。

（4）保护和利用天敌，如卵期可释放赤眼蜂等天敌进行防治。

2. 黄褐天幕毛虫

属鳞翅目，枯叶蛾科，俗称"顶针虫"。

分布与危害：分布于东北、华北、西北、江苏、湖南、江西等地。危害海棠、紫叶李、杏等蔷薇科植物及杨、柳、榆等。此虫食性杂、危害大，严重时常把树叶吃光，严重影响绿化和观赏效果。

形态特征：雌成虫体长 15 ~ 17mm，呈褐色。前翅中间有 1 条深褐色宽带，后翅淡褐色。雄成虫体长 13 ~ 14mm，呈黄褐色，前翅黄色，翅中有 1 条淡褐色宽带。卵扁椭圆形，灰白

图 8-6a 黄褐天幕毛虫成虫

图 8-6b 黄褐天幕毛虫顶针状卵块

图 8-6c 黄褐天幕毛虫幼虫

色，顶部中央下凹，卵平粘于小枝周围，密集排列呈"顶针"状。老熟幼虫体长 55mm，头部蓝灰色，有黑点，体两侧各有 1 条鲜艳的蓝灰色、黄色和黑色横带，体背线为白色，亚背线橙黄色，体各节长有黑色毛瘤及淡褐色长毛。蛹黑褐色，有金黄色毛。茧灰白色，丝质双层（图 8-6）。

生物学特性： 北京 1 年 1 代，以完成胚胎发育的幼虫在卵壳内越冬。春季树木展叶时，幼虫孵化，初孵幼虫夜间群居在卵块附近小枝上危害嫩叶，并在枝杈处吐丝结网，白天群集潜伏在天幕状网巢内，故得名天幕毛虫。老龄幼虫分散危害，易暴食成灾。6 月成虫羽化产卵，卵多产在当年的小枝梢部。

防治方法：

（1）结合秋季修剪，剪除"顶针"状卵块，并烧毁处理，消灭虫源。

（2）使用诱虫杀虫灯监测诱杀成虫。

（3）老熟幼虫分散危害前，集中防治。

（4）低龄幼虫期，使用核型多角体病毒、灭幼脲、除虫脲等喷雾防治；高龄幼虫期，使用高效氯氟氰菊酯、烟参碱等喷雾防治。

（5）保护和利用天敌，如黑卵蜂、抱寄蝇等。

3. 黄刺蛾

属鳞翅目，刺蛾科，俗称"洋刺子"。

分布与危害： 全国分布。危害杨、柳、榆、槐、紫薇、石榴、红叶李和梅等多种植物。严重危害时常把叶片吃光，影响植物生长和观赏价值。

形态特征： 成虫体长 13 ～ 17mm，前翅内半黄色，外半黄褐色，有倒"V"形褐色线，另有 2 个褐点。卵扁椭圆形。老熟幼虫体长 19 ～ 25mm，体粗大，胸部黄绿色，体背有头尾紫褐色、中间蓝色的"哑铃"形斑纹，体背散生黄绿色枝刺，枝刺顶端有黄绿色或黑色刺毛，刺毛有毒。蛹椭圆形，淡黄褐色。茧椭圆形，质坚硬，黑褐色，有灰白色不规则纵条纹，似"麻雀蛋"（图 8-7）。

生物学特性： 1 年发生 1 ～ 2 代，以老熟幼虫在树杈、树枝上作茧越冬。成虫昼伏夜出，有趋光性，卵多散产于叶背。初孵幼虫先取食卵壳，后在叶背取食叶肉，使叶片呈筛网状；5、6 龄幼虫能将全叶吃光仅留叶脉。幼虫危害期分

图 8-6d　黄褐天幕毛虫幼虫及网幕

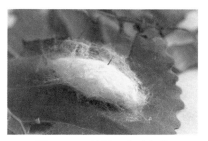

图 8-6e　黄褐天幕毛虫茧

图 8-7a　黄刺蛾成虫

图 8-7b　黄刺蛾幼虫

图 8-7c　黄刺蛾茧

别为 6 月下旬至 7 月下旬、8 月下旬至 9 月下旬。

防治方法：

（1）消灭越冬幼虫，结合冬季修剪，修剪或刷除枝干上的虫茧并集中烧毁。

（2）利用诱虫杀虫灯监测诱杀成虫。

（3）利用 3 龄幼虫前集中危害习性，摘除虫叶。

（4）低龄幼虫期，使用除虫脲、灭幼脲等喷雾防治；高龄幼虫期，使用高渗苯氧威等喷雾防治。

图 8-7d 黄刺蛾危害状

（5）保护和利用天敌，如螳螂、蠋蝽、赤眼蜂、广肩小蜂、紫姬蜂等。

4. 柳毒蛾

属鳞翅目，毒蛾科，又称杨雪毒蛾。

分布与危害： 全国分布。幼虫主要危害杨、柳、槭和白蜡等。严重时，常把树叶蚕食一光，严重影响树木生长和绿化美化效果。

形态特征： 成虫体长 11 ~ 20mm，体白色，足上具有黑白相间的环纹。卵扁圆形，初产时绿色，近孵化时为灰褐色。卵块外覆有泡沫状白色胶状物。老熟幼虫体背部灰黑色，背部橙色明显，两侧各有黑褐色纵带，各节毛瘤上长有黄白色长毛。蛹黑褐色，长有黄白毛（图 8-8）。

生物学特性： 北京 1 年发生 2 代，危害 3 次，以 2 ~ 3 龄幼虫在树皮裂缝、树洞、地面石堆下或落叶层下结薄茧越冬。4 月中下旬越冬幼虫开始活动。成虫趋光性强。卵多产在树干表皮、叶背等处。初孵幼虫先群居危害，取食叶肉呈网状，受惊后吐丝下垂，3 龄后分散

图 8-8a 柳毒蛾成虫

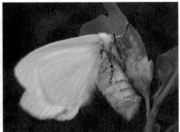

图 8-8b 柳毒蛾产卵

图 8-8c 柳毒蛾卵块

图 8-8d 柳毒蛾幼虫

图 8-8e 柳毒蛾白天在树干基部潜伏

危害，昼夜均可取食。幼虫危害期分别为6月中下旬和8月上中旬。

防治方法：

（1）利用幼虫上下树习性，人工捕杀或树干围环防治。

（2）利用诱虫杀虫灯监测诱杀成虫。

（3）低龄幼虫期，使用除虫脲、灭幼脲等喷雾防治；高龄幼虫期，使用植物源类药剂喷雾防治。

（4）保护和利用天敌，如毛虫追寄蝇、毒蛾赤眼蜂等。

5. 榆绿叶甲

属鞘翅目，叶甲科，又称榆蓝叶甲、榆绿金花虫。

分布与危害： 分布于华北、东北、西北等地，是危害榆树的主要害虫。成虫和幼虫常将被害叶片食成网眼状、孔洞状，甚至将被害树叶片全部吃光。

形态特征： 成虫体长约8mm，近长方形，头褐黄色，鞘翅绿色，有金属光泽。前胸背板两侧各有1个黑斑，中央为倒葫芦形黑斑。卵黄色，梨形，似炮弹直立两行排列。老熟幼虫体长约11mm，深黄色，体背有黑色毛瘤，前胸背板有1对四方形黑斑。蛹乌黄色，椭圆形，背部有黑褐色毛（图8-9）。

生物学特性： 北京1年发生1～2代，以成虫在屋檐、砖石堆、墙缝及杂草丛等处越冬。4月上旬（榆树发芽期）越冬成虫开始啃食芽叶或枝条嫩皮补充营养，4月下旬开始于叶背产卵。成虫有假死性，趋光性很弱。5月上旬（榆钱末期）幼虫开始危害，6月上旬老熟幼虫群集在树坎、伤疤等处化蛹。6月中旬至7月上旬为第1代成虫高峰期，此时危害严重易成灾。部分羽化较早的成虫则产卵，幼虫孵化后继续危害，直至8月羽化为成虫越冬。另一部分羽化较晚的成虫，在建筑物周围寻找过冬场所越冬。

防治方法：

（1）选择优良的抗虫品种，如苦叶榆等。

（2）在幼虫群集在树干化蛹时，人工刷除老熟幼虫或蛹。

（3）成虫发生期，使用烟碱·苦参碱等植物源类

图8-9a　榆绿叶甲成虫

图8-9b　榆绿叶甲卵块

图8-9c　榆绿叶甲幼虫

图8-9d　榆绿叶甲老熟幼虫群集化蛹

图8-9e　榆绿叶甲危害状

药剂防治。

（4）初孵幼虫期，使用高渗苯氧威、高效氯氟氰菊酯等防治。

（5）保护和利用天敌，如瓢虫、小蜂、益鸟等。

6. 美国白蛾

属鳞翅目，灯蛾科。又名美国灯蛾、秋幕毛虫，是世界性检疫害虫。

分布与危害： 原产于北美洲，主要分布于美国、加拿大和墨西哥的局部地区。20世纪40年代末，该虫通过人类活动和运载工具传播到欧洲和亚洲，现已广泛分布于欧亚地区。我国于1979年首次在辽宁省发现，目前，北京、天津、河北、辽宁、河南、陕西、山东、上海等地均有分布。

美国白蛾食性杂，可危害包括林木、果树、花卉、蔬菜、农作物和杂草在内的300多种植物，如桑、槭、臭椿、悬铃木、泡桐、榆、白蜡、柳、杨、苹果、海棠、丁香、樱花、核桃和国槐等。

形态特征： 成虫体长6～16mm，中型白色蛾类，部分越冬代雄成虫前翅有黑色斑点。胸腹部为白色，极个别越冬代雄成虫腹部背面有一列黑点。前足基节、腿节橘黄色，胫节和跗节内侧白色、外侧黑色。卵近圆球形，直径0.4～0.5mm，淡绿色或黄绿色，有光泽，表面多有规则小凹刻。幼虫头黑色，有光泽。老熟幼虫体长28～39mm。背部中央有一条灰褐色至黑色的宽纵带，纵带两侧各有1列黑色毛瘤。身体两侧各有上下两列橘黄色或红褐色毛瘤。体毛呈丛状，白色，较硬且长，高龄幼虫混有少量黑色体毛。蛹长8～16mm，初化蛹为淡黄色，后逐渐变为暗红褐色（图8-10）。

生物学特性： 一年发生3代，以老熟幼虫在树干裂缝、树洞、树下土块、瓦砾、枯枝落叶、包装物及建筑物缝隙等隐蔽处化蛹越冬，越冬代成虫于3月下旬至6月下旬羽化。成虫趋光性强。卵多产于寄主植物叶片背面，卵粒排列整齐成块，上覆盖有雌成虫的白色体毛。

图8-10a　美国白蛾成虫
　　　　　交尾产卵状

图8-10b　美国白蛾成虫

图8-10c　美国白蛾卵
　　　　　及初孵幼虫

图8-10d　美国白蛾幼虫

图8-10e　美国白蛾幼虫
　　　　　及网幕

图8-10f　桑树受害状

图8-10g　白蜡受害状

图8-10h　黄栌受害状

一头雌成虫一次可产卵 800～2000 粒。幼虫可吐丝结网，4 龄前群集取食危害，老熟幼虫能忍耐 –16℃ 的低温和 40℃ 的高温，并具有很强的耐饥饿能力，15 天不取食仍可正常繁殖危害。第 1、2 和越冬 3 代幼虫危害期分别为 5 月上旬至 7 月上旬、7 月上旬至 8 月下旬、8 月下旬至 11 月上旬，世代重叠严重。爆发时，可在短时间内吃光林木、果树、花卉、蔬菜、农作物和杂草等绿色植物。

图 8-10i　柳树受害状

图 8-10j　核桃受害状

防治方法：

（1）加强检疫。

（2）人工剪除网幕、树干围草把、人工挖蛹和摘除卵块防治。

（3）使用性信息素和诱虫杀虫灯监测诱杀成虫。

（4）低龄幼虫期（3 龄前），使用美国白蛾病毒 +Bt、灭幼脲、除虫脲、杀铃脲等喷雾防治；高龄幼虫期，使用烟碱·苦参碱等植物源类药剂喷雾防治。

（5）保护和利用天敌，如老熟幼虫至化蛹初期，释放白蛾周氏啮小蜂进行防治。

二、刺吸性害虫

1. 蚜虫

属同翅目，蚜总科，俗称"腻虫"。

分布与危害： 全国分布。此类害虫种类多，常见有月季长管蚜、苹果瘤蚜、桃蚜、桃粉大尾蚜、居松长足大蚜、柏长足大蚜、槐蚜、栾多态毛蚜、洋白蜡卷叶绵蚜等。寄主范围广泛，如桃蚜危害园林植物近 100 种。成虫和若虫刺吸危害，常造成叶片卷曲、畸形、枯黄和花蕾脱落，影响植物正常生长及开花，可诱发煤污病并传播多种病毒病。

形态特征： 体小柔软，体长 1～4mm。多为椭圆形，少数为纺锤形或扁平椭圆形。口器刺吸式。体色多为绿色、黄色、红褐色、灰褐色、暗绿色等。有些种类体表有蜡丝和蜡粉。蚜虫分为有翅型和无翅型（图 8-11）。

生物学特性： 蚜虫繁殖能力很强，一年可发生几代至 20 多代，多数以卵，少数以成虫或若虫越冬。成虫可进行有性和无性繁殖。蚜虫多数有迁移习性。蚜虫喜干旱，怕雨水冲刷。每年 5～6 月、9～10 月危害严重，雨季虫口数量大幅度下降。蚜虫因分泌蜜露而得名"腻虫"。

防治方法：

（1）轻度发生，可用清水冲洗，并结合修剪，剪除有虫枝条。

（2）冬季或早春植物发芽前，使用石硫合剂等枝干喷雾防治越冬虫源。

图 8-11a 栾多态毛蚜无翅孤雌胎生蚜及若蚜

图 8-11b 栾多态毛蚜有翅孤雌胎生蚜与无翅性母

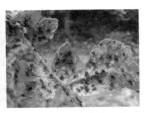

图 8-11c 栾多态毛蚜危害状

图 8-11d 槐蚜有翅孤雌胎生蚜

图 8-11e 槐蚜危害状

图 8-11f 刺槐蚜无翅孤雌胎生蚜与若蚜

图 8-11g 刺槐蚜危害状

图 8-11h 桃粉大尾蚜与桃瘤头蚜混合发生危害状

图 8-12a 草履蚧雌成虫与雄成虫

图 8-12b 草履蚧群集危害

（3）利用黄板诱杀。

（4）危害期，喷施吡虫啉或烟碱·苦参碱等喷雾防治。

（5）保护和利用天敌，如瓢虫、草蛉、食蚜蝇、蚜茧蜂等。

2. 草履蚧

属同翅目，绵蚧科，又名"草鞋蚧"。

分布与危害：全国分布，危害泡桐、杨、悬铃木、柳、槐、核桃、柿、白蜡、香椿、臭椿、樱桃等植物。草履蚧是北京地区出蛰危害最早的刺吸性害虫，以若虫和雌成虫在枝干，特别是嫩梢上刺吸危害，影响树木生长。虫口密度大时，常爬满枝干、地面、墙壁等处，严重扰民。

形态特征：成虫雌成虫体长 10mm，背面有皱褶，扁平椭圆形，似草鞋，赭色，周缘和腹面淡黄色，体被白色蜡粉；雄成虫体长 5～6mm，紫红色，前翅淡黑色。卵椭圆形，初产时黄白色渐呈赤黄色，产于白色绵状卵囊内。若虫体形似雌成虫，但略小（图 8-12）。

生物学特性：1 年发生 1 代，以卵在卵囊内，极个别以 1 龄若虫在砖瓦石缝、土块、墙缝、树皮裂缝和杂草根部等处越冬。暖冬时，当年 12 月下旬若虫出蛰爬行上树；一般年份，翌年 1 月上中旬出蛰。4 月下旬雄若虫下树化蛹，6 月上旬雌成虫下树产卵。

防治方法：

（1）在越冬场所，人工挖除越冬虫卵，减少虫源。

（2）若虫上树前，在树干胸径处围环阻止其上树，并定期清除。

（3）若虫上树后，使用吡虫啉和高渗苯氧威等枝干喷雾防治。

（4）成虫下树前，在被害树干周围挖沟填草，诱集成虫产卵并销毁；使用高效氯氰菊酯树干喷药环防治。

（5）保护和利用天敌，如红环瓢虫等。

三、蛀食性害虫

1. 光肩星天牛

属鞘翅目，天牛科，俗称"花牛"。

分布与危害： 分布于东北、华北、西北、华东等地。危害杨、柳、槭、榆、枫、樱花等阔叶树。幼虫蛀食枝干木质部，轻者枯梢，重者整株死亡。

形态特征： 成虫体黑色，有光泽。雌虫体长 22 ～ 35mm，雄虫体长 20 ～ 29mm，前胸两侧各有 1 个刺突，鞘翅上各有大小不等、排列不规则的白色或黄色绒斑。卵乳白色，稍弯曲，似"黄瓜籽"。幼虫乳白色，老熟幼虫身体带黄色，体长约 50mm，足退化。蛹全体乳白色至黄白色（图 8-13）。

生物学特性： 北京多 1 年发生 1 代，少数 2 年 1 代，以幼虫在树干蛀道内越冬。幼虫危害期为每年 3 月至 11 月上旬，5 月开始化蛹，成虫羽化期为 6 月至 7 月中旬，成虫飞翔力弱，取食嫩枝皮补充营养。产卵前，成虫先用上颚咬一个椭圆形刻槽，然后在其韧皮部和木质部之间产卵 1 粒。幼虫孵化后取食韧皮部，并将褐色粪便及蛀屑从产卵孔排出。3 龄末或 4 龄

图 8-13a　光肩星天牛成虫

图 8-13b　光肩星天牛成虫交尾

图 8-13d　光肩星天牛幼虫

图 8-13c　光肩星天牛卵

图 8-13e　光肩星天牛蛹

图 8-13f　光肩星天牛成虫产卵的刻槽

图 8-13g　光肩星天牛危害状

图 8-14a　小线角木蠹蛾成虫

图 8-14b　小线角木蠹蛾幼虫及危害状

幼虫开始蛀入木质部，从产卵孔中排出白色的木丝。

防治方法：

（1）树木被害严重时，消除被害木，进行处理，消灭虫源。

（2）筛选和培育抗性树种，提高免疫能力。

（3）栽植糖槭树等诱树诱集补充营养成虫，进行防治。

（4）成虫发生量大时，可人工捕捉成虫或喷施绿色威雷、白僵菌、绿僵菌等药剂防治。

（5）幼虫危害期，利用高压注射机注射内吸性药剂进行防治。

（6）保护和利用天敌，如花绒寄甲、啄木鸟等天敌。

2. 小线角木蠹蛾

属鳞翅目，木蠹蛾科，又称小木蠹蛾、小褐木蠹蛾。

分布与危害：全国分布。危害白蜡、柳、槐、银杏、元宝枫、丁香、樱花、海棠等植物。幼虫在枝干内蛀食危害，轻者造成风折，重者树皮环剥，全株死亡。

形态特征：成虫灰褐色，雌成虫体长 18 ～ 28mm，雄成虫体长 14 ～ 25mm。翅面密布许多细而碎的条纹。卵圆形，初产时灰乳白色，后为暗褐色，卵壳表面有许多纵横碎纹。老熟幼虫体长 30 ～ 38mm，胸、腹部背面浅红色，每一体节后半部色淡，腹面黄白色。蛹纺锤形，暗褐色（图 8-14）。

生物学特性：2 年发生 1 代，以幼虫在枝干木质部内越冬。成虫羽化后的蛹壳常半露在羽化孔外，成虫昼伏夜出，有趋光性。成虫喜在树干枝的伤疤处、裂皮缝处成堆产卵。幼虫喜群居危害，随着虫龄的增长，蛀食树木愈加严重，造成千疮百孔。每年 3 月中旬至 10 月下旬为幼虫危害期。

防治方法：

（1）加强检疫。

（2）及时清除受害严重的树木和枝条。

（3）利用诱虫杀虫灯和性信息素诱芯监测诱杀成虫。

（4）幼虫危害期，利用高压注射机注射内吸性药剂进行防治。

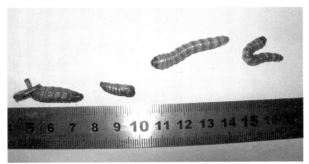

图 8-14c　小线角木蠹蛾幼虫、蛹及蛹壳

图 8-14d　残留在羽化孔处的蛹壳

图 8-14e　主干横截面受害状

图 8-14f　枝条受害状

图 8-14g　主干受害状

（5）保护和利用天敌，如芫菁夜蛾线虫、斯氏线虫、白僵菌、寄生蝇、姬蜂、益鸟等。

四、地下害虫

1. 蛴螬

属鞘翅目，金龟子总科，俗称白地蚕。

分布与危害：全国分布，是苗圃、花圃、草坪、林果常见的害虫，蛴螬是金龟子幼虫的总称。蛴螬在北京有 30 多种。食性杂、危害大，是地下害虫中危害严重的一类。蛴螬危害情况可归纳为：（1）将根茎皮层环食，使苗木死亡；（2）根茎部分被啃食，影响生长，提早落叶；（3）有些成虫取食叶、芽、花蕾、花冠，影响花卉及果品产量；（4）根茎被害后，造成土传病害侵染，致使苗木死亡。

形态特征：幼虫乳白色，呈圆筒形，臀部肥大，常弯曲成"C"字形。胸足 3 对，无腹足。成虫称金龟子。触角鳃片状。前翅坚硬角质，后翅膜质。由于种类多，其大小、颜色和斑纹等有很大差异（图 8-15）。

生物学特性：因种类不同，每年发生代数不同。一般 1 年 1 代或 2 年 1 代，以成虫或幼虫越冬。蛴螬常年生活于有机质多的土壤中，其活动与土壤温湿度有关，通常春季和夏末秋初两季发生危害。

防治方法:

（1）成虫发生量大时，利用金龟子的假死性，可人工捕杀成虫。

（2）使用诱虫杀虫灯等监测诱杀成虫。

（3）加强栽培养护管理，施用充分腐熟的有机肥、秋耕深翻土壤、冬灌冻水、中耕锄草等，破坏或改变蛴螬适生的环境条件，降低蛴螬数量。

（4）使用绿僵菌、白僵菌等杀灭地下害虫。

（5）保护和利用天敌，如大山雀、喜鹊、青蛙、刺猬、步行虫等。

图 8-15　蛴螬

2. 华北蝼蛄

属直翅目，蝼蛄科，俗称拉拉蛄、土狗子。

分布与危害: 分布于华北等地。食性很杂，是苗圃、花圃、草坪土壤中主要害虫之一。以若虫和成虫咬食幼苗的根、嫩茎及刚播下的种子，并在地表挖掘坑道把幼苗拱倒，使幼苗干枯而死，造成缺苗断垄。

形态特征: 成虫体长 36 ～ 55mm，黄褐色。前胸背板中央有一个下凹心脏形暗红色斑，前翅覆盖腹部不到 1/3。前足为开掘足。卵椭圆形。初产时乳白色，有光泽，后变黄褐色。初孵若虫乳白色，2 龄以后变为浅黄褐色，5 ～ 6 龄后与成虫体色相似。

生物学特性: 3 年完成 1 代，以成虫和若虫在深土层中越冬。翌年春季越冬的成虫或若虫开始上升到表土层活动危害。以 4 ～ 5 月危害最严重。成虫具趋光性，但由于体形大，飞翔力差。卵多产在轻盐碱地，干燥向阳松软土壤层里。对马粪、土肥等腐殖质及香甜食物有趋性。

防治方法:

（1）深翻土壤，压低虫口密度。

（2）施用完全腐熟的有机肥。

（3）利用诱虫杀虫灯、毒饵等诱杀成虫。

（4）播种前，对土壤进行药物处理。

（5）苗木播种时，采用药物拌种。

（6）使用绿僵菌、白僵菌等杀灭地下害虫。

（7）保护和利用天敌，如大山雀、喜鹊、红脚隼、隐翅虫、步行虫等。

第九章　绿化设施设备

园林绿化施工、养护中，会用到很多工具和机械设备，除了被各行业广泛使用的铁锹、铁镐、铁耙等手工工具和推土机、挖掘机、吊车等机械设备外，再有就是相对园林绿化施工和养护以及用于园林绿化废弃物处理比较专一的手工工具和机械设备了。如花剪、太平剪、高枝剪、剪草机、梳草切根机、打孔机、绿篱机、割灌机、打药机、枝丫粉碎机等。本教材仅对相对园林绿化施工和养护、绿化废弃物处理比较专一的手工工具和机械设备、设施加以介绍，其他常用工具和机械设备在这里就不再赘述了。

第一节　园艺工具

一、修枝剪

（一）修枝剪

修枝剪又称为剪枝剪、圆口弹簧剪（图9-1）。类型有弯口剪枝剪、平口剪枝剪和长把剪枝剪，用于修剪树木较细的枝条。

图9-1　剪枝剪

（二）修枝剪的使用

操作时，一只手握剪，另一只手将被剪枝条轻轻用力推向剪刀片的方向。用长把修枝剪操作时，两手同时用力即可。

（三）使用修枝剪注意事项

1. 使用前检查修枝剪的弹簧、螺栓是否连接牢靠，剪口是否锋利。

2. 按要求穿戴好劳保制服。

3. 剪枝时要上下用力，不可左右摇摆剪头。

4. 使用后要擦洗干净剪头及手柄。

5. 定期保养修枝剪。

6. 在任何时候，不可用修枝剪嬉戏打闹。

二、绿篱剪

（一）绿篱剪

绿篱剪又称太平剪、长刃剪、整篱剪（图9-2）。绿篱剪的前端条形刀片较长，能剪出平整的修剪平面。只能用于修剪叶片、嫩梢和细小的枝条。

图9-2　绿篱剪

（二）绿篱剪的使用

操作时，双手握绿篱剪手柄平衡用力，修剪水平面时，要端平剪刀，双手保持刀刃水平。修剪侧面时，要保持条形刀与地面有一个统一的夹角。

（三）使用绿篱剪注意事项

1. 使用前检查绿篱剪的螺栓是否连接牢靠，剪口是否锋利。
2. 按要求穿戴好劳保制服。
3. 使用后要擦洗干净剪头及手柄。
4. 定期保养绿篱剪。
5. 在任何时候，不可用绿篱剪嬉戏打闹。

三、手锯

（一）手锯

手锯是一条细长的钢片，钢片上开有锯齿，一端安装手柄的工具。有些锯在锯片与手柄连接处可折叠。手锯主要用于对较粗的树枝和树干的剪截。常用手锯有：单面锯、双面锯和高枝锯（图9-3）。

图9-3　手锯

（二）手锯的使用

修剪低处较粗的乔灌木时，需使用手锯。使用时，一手握锯柄，另一手握住要被剪除的枝条，将锯齿放在需要剪截处来回或上下拉动手锯即可。锯除细小活枝时，用细齿锯。锯除大枝、枯死枝时，用粗锯。锯除高处树枝时，使用适合臂长的高枝锯。

（三）使用手锯注意事项

1. 使用前检查锯齿是否锋利。手柄与锯片是否连接牢固。

2. 使用高枝锯时，一定要检查连接锯片的紧固件是否牢靠。

3. 按要求穿戴好劳保制服。特别是使用高枝锯时要戴好安全帽及防护眼镜。

4. 双手能够到被剪截的枝条时，一定要一手握紧锯柄，另一只手握住被剪截的枝条。

5. 锯截枝条时，只可沿着锯片前后方向往复用力，不可左右掰锯片。

6. 使用高枝锯时，被修剪的乔木下，一定要围出足够的作业空间。

7. 要求无关人员退出作业区域，避免被锯下的树木伤人。

8. 修剪作业完成后，及时清理被修剪下来的树枝、树叶。

9. 使用完手锯后，要清理干净手锯上的污物。

10. 定期保养、维护手锯。

11. 在任何时候，不可用手锯嬉戏打闹。

四、高枝剪

（一）高枝剪

高枝剪就是有效地将臂加长的修枝剪。高枝剪有固定臂长和可升缩臂长两种。有的高枝剪还在剪的前端加了小手锯。高枝剪杆臂一般为木杆、铁杆、铝合金杆和玻璃钢纤维杆。长度一般是：3m、3.5m、4m、5m。高枝剪主要针对树木高空枝条进行剪除作业。

1. 简易型高枝剪（图 9-4a）：简易型高枝剪杆多就地取材用木杆、竹竿等。通过绳索将力传送到下剪刀臂，使下剪刀向上咬合，达到剪枝的目的。

2. 手捏型高枝剪（图 9-4b）：手捏型高枝剪杆为固定长度的空心金属杆。内有固定长度的连线，将下部手柄的握合力传到上部剪刀，使剪刀剪切，达到修剪的目的。

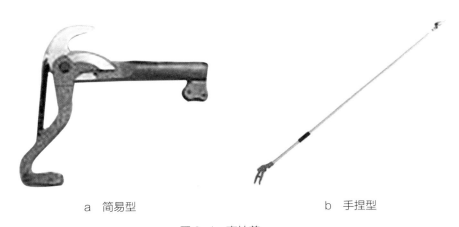

a　简易型　　　　　　　　　　　　　　　b　手捏型

图 9-4　高枝剪

3. 铡刀型高枝剪：铡刀型高枝剪原理与简易型高枝剪原理相同，只是延长杆为金属或合成纤维，并且杆可伸缩。

（二）高枝剪的使用

操作时，根据需要被修剪的乔木枝条的高度，调整好高枝剪杆的长度。双手握杆将杆顶端的剪枝剪上剪刀挂在要修剪枝条需切断的部位。然后，一手握杆，一手向下拉动连接下剪刀柄的绳索，完成剪切。若是使用手捏型高枝剪，一手握杆，另一手用力捏合下手柄，即可完成剪切。

（三）使用高枝剪注意事项

1. 使用前检查高枝剪的各个紧固件是否连接牢靠。剪口、锯口是否锋利。

2. 按要求穿戴好劳保制服。特别要戴好安全帽及防护眼镜。

3. 剪枝时一定要握紧高枝剪的杆。

4. 被修剪的乔木下，一定要围出足够的作业空间。

5. 要求无关人员退出作业区域，避免被剪下的树木伤人。

6. 修剪作业完成后，及时清理被修剪下来的树枝、树叶。

7. 使用完高枝剪后要擦洗干净剪头、长杆及手柄。

8. 定期保养、维修高枝剪。

9. 在任何时候，不可用高枝剪嬉戏打闹。

五、嫁接刀

（一）嫁接刀

嫁接刀一般用细长的碳钢钢片制成。钢片一端安装手柄，另一端磨制成刀刃（图 9-5）。

（二）嫁接刀的使用

嫁接刀主要用于树木和花卉的嫁接。

（三）使用嫁接刀注意事项

1. 使用前检查嫁接刀刀口是否锋利，手柄连接是否牢靠。

2. 使用中注意操作要领，避免划伤。

3. 用后擦干净嫁接刀。

4. 不得用嫁接刀玩闹。

5. 长时间不用时，上油包好存放。

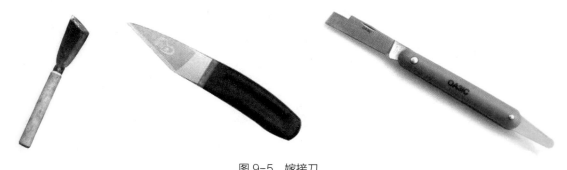

图 9-5　嫁接刀

六、手动喷雾器

（一）手动喷雾器

手动喷雾器是通过人工摆动摇杆，驱动唧筒内的活塞运动，提升空气室（药箱）内空气压力。当空气压力达到一定程度后，打开喷洒药液部件开关，即可完成喷洒过程。

手动喷雾器分为手动液泵式喷雾器和手动气泵式喷雾器两种。主要用于在园林植物上喷洒化学药剂，进行病虫害的防治。

手动喷雾器结构简单、重量轻、适应性广、使用维护方便，是园林植物病虫害防治中广泛被使用的工具之一。

手动液泵式喷雾器主要由药液桶、手动活塞泵、空气室、出水管、喷杆、喷头和背带等组成（图9-6）。

手动气泵式喷雾器主要由药液桶、手动活塞气泵、出水管、喷杆、喷头和背带等组成。

（二）手动喷雾器的使用

1. 手动液泵式喷雾器的使用方法：将配制好的药液倒入药液桶内，通过人工推动喷雾器手压摇杆上下往复运行，将药液压进空气室，空气室内空气被压缩到一定压力时，将打药喷头指向需打药的地方，打开药液开关，药液就会喷洒到需喷洒药液的园林植物上。

2. 手动气泵式喷雾器的使用方法：将配制好的药液倒入药液桶内，药液不可超越水位线，需留出一部分空间。通过喷雾器手压摇杆上下往复运行，将空气压进密闭的药液桶顶部，当药箱内的空气被压缩到一定程度后，将喷头指向需打药的地方，打开喷杆上的开关，药液就会喷洒到需要喷洒药液的园林植物上。

图9-6　手动喷雾器

（三）使用手动喷雾器注意事项

1. 选择适宜的时间段喷药，夏季避免高温时喷洒农药。

2. 使用前，先阅读喷雾器的使用说明。检查喷雾器的各个部件是否正常。确认各部件处于正常状态时，方可投入使用。

3. 穿戴好长裤、长褂、手套、口罩、护目镜等劳保制服。

4. 加入药液时，注意液面不能超过安全水位线。

5. 注意板动摇杆不能过分用力，以免气室爆炸。

6. 在喷洒农药时，注意风向变化，人应站在风向上方，不能逆风，应顺风喷洒。

7. 喷药过程中，一旦出现头晕眼花、心率加快、恶心呕吐、视物模糊等中毒症状时，应立即停止喷药，及时到正规医院对症治疗，以免发生意外。

8. 喷药作业完成后，应及时倒出桶内残留药液，再用清水洗净倒置晾干。

9. 完成全部工作后，及时用肥皂水清洗全身，但切忌用过热水，以免农药经皮肤吸收而引起中毒。

10. 在任何时候，都不可将喷药枪指向人体。更不可向人体喷药。

11. 短期内不再使用喷雾器时，应将主要部件清洗干净、擦干装好，置于阴凉干燥处；若长期不用，注意将各个金属零件涂上黄油，防止生锈。

第二节　园林机械

一、绿篱修剪机

（一）绿篱修剪机

1. 绿篱修剪机是通过内燃机动力或电动机动力，驱动刀片形成往复式的剪切运动。对生长中的植物进行整形修剪，形成所需要的冠部形状或侧面造型。

2. 绿篱修剪机在所用动力方面分为内燃机动力绿篱修剪机、电动绿篱修剪机（图9-7）。在所用刀具方面分为单刃绿篱修剪机和双刃绿篱修剪机（图9-8）。当今，世界较先进的园林绿化机械已经发展到多功能一体化程度，绿篱修剪机也已今非昔比（图9-9）。

图 9-7　电动机动力绿篱修剪机

图 9-8　内燃机动力绿篱修剪机

图9-9　多功能一体化修剪机

（二）绿篱修剪机的使用

园林绿化工程的施工和养护中，通常使用的绿篱修剪机为汽油二冲程发动机动力绿篱修剪机。在这里仅对此款绿篱修剪机的使用加以介绍。

1. 加油：汽油和机油按绿篱修剪机使用说明的要求，按一定的容积比例混合。将混合好的混合油加入油箱。加油时切记关闭发动机。

2. 启动：把发动机开关拨到"开"（ON）的位置。推动注油阀，向化油器内注入混合油，直到溢油管中有油液流出。起动时，轻拉起动绳至绷紧状态，再顺势拉起动绳，启动引擎。引擎启动后，把阻塞杆拨到半开的位置，让发动机空转 3 ～ 5 分钟。首次使用的绿篱修剪机需要空转磨合至少一箱油。

3. 解除自锁。使发动机按额定转速正常运转。

4. 双手分别握住绿篱修剪机的前后把手，平端绿篱修剪机，将前端的剪刀放到需要修剪的植物上，就能达到修剪的目的。

5. 修剪绿篱时，植物应被修剪的平顺整齐，高低一致。通常把绿篱修剪机剪刀向下倾斜 5° ～ 10°。使修剪轻便、省力，达到较好的修剪质量。

6. 按所需修剪植物的情况，通过油门调节控制转速。使发动机在合理的运转速度下工作。

7. 操作者身体要处在汽化器一侧，绝不允许处于排气管一端，以免被废气烫伤。

8. 工作完毕后停机，关闭油门。清洁外壳，待用。

（三）使用绿篱修剪机注意事项

1. 使用前要认真阅读使用说明书，了解机具的使用范围、技术参数和注意事项。

2. 检查机械各个零部件是否连接牢固。

3. 作业前，要先到作业现场察看地形，了解绿篱的状况和周围的障碍物对操作人员的危险程度等，并尽可能地清除可以移动的障碍物。

4. 要穿戴好工作服、工作帽、防护眼镜、口罩、耳罩和手套等防护用品。

5. 酒后、身体不适时不可操作机械作业。

6.操作时，操作者要握紧把手，不要握其他部位，不要让刀片靠近自己的脚或将其抬高至腰部以上的位置。

7.操作时，不要让刀片碰到钢丝、桩柱和其他硬物，以免损坏刀片，伤及人身。

8.天气不好，刮大风、打雷下雨，出现浓雾天气，脚底泥泞打滑，难以保持稳定作业姿势时，要停止作业。

9.当绿篱修剪机剪刀前方有人，特别是儿童在作业现场时，要停止作业。

10.汽油机的转速应保持在作业需要的运转速度范围之内，切不可为了赶进度执意提高转速。

11.引擎运转或处于滞热状态时，不可向油箱添加汽油。

12.引擎运转时和刚关闭后，身体的任何裸露部位不可触及引擎主体、排气管和变速箱，以免烫伤。

13.任何时候都不可用机械打闹玩笑，更不可用其伤人。

14.停止作业后，关闭引擎，清理机械，擦洗刀具。套好刀刃防护套，收到干燥安全的地方存放，以备下次使用。

二、油锯

（一）油锯

油锯是由二冲程汽油机为动力，通过链轮驱动锯链沿导向板旋转，锯链上交错的 L 形刀片横向运动，来完成对所需锯剪的植物材料的剪切作业。油锯主要用于伐木和造材。园林绿化施工和养护中，油锯主要用于修剪树木（图 9-10）。

图 9-10　油锯

（二）油锯的使用

1.起动：油锯使用二冲程汽油引擎作为动力，按照二冲程汽油引擎的启动方法启动引擎即可。

2.观察：油锯启动后，空转 1～2 分钟。观察引擎是否运转正常，链锯在导板上行进是否通畅。一切正常后，才可使用。

3.使用：双手握紧油锯前后把手，将链锯放到所要剪切的枝条上，就可实现剪切作业。但在作业开始和作业即将完成时，一定严防油锯反弹。

（三）使用油锯注意事项

1.油锯属于高危险工具，使用前，使用者一定要仔细阅读使用说明书。了解机具的使用范围、技术参数和注意事项。

2.检查机械各个零部件是否连接牢固。作业前检查锯链润滑油壶油位，检查锯链松紧程度是否合适，检查油锯怠速是否合适（松开油门扳把后，锯链是否停转）。

3. 作业前，要先到作业现场察看现场情况，必须确保作业区域没有障碍物。

4. 要穿戴好工作服、工作帽、防护眼镜、口罩、耳罩和手套等防护用品。

5. 严禁酒后、服用麻醉药后及身体不适时使用油锯作业。

6. 严禁单独一个人操作油锯。至少安排一个人在作业者附近保护作业者。

7. 严禁单手操作油锯。引擎运转时，操作者必须双手握紧链锯手柄。

8. 严禁锯切高处或者高度超过胸部的树枝。

9. 不可站在梯子上使用油锯。树上作业时必须系安全带。

10. 油锯放下之前，必须先关闭引擎。

11. 天气不好，刮大风、打雷下雨，出现浓雾天气，脚底泥泞打滑，难以保持稳定的作业姿势时，要停止作业。

12. 引擎运转或处于滞热状态时，不可向油箱添加汽油。

13. 油锯使用结束后，严禁触摸高温的气缸盖表面和消声器盖，以免烫伤。

14. 任何时候绝对不可用油锯打闹玩笑，更不可用其伤人。

15. 停止作业后，关闭引擎，清理机械，擦洗刀具。套好刀刃防护套，收到干燥安全的地方存放，以备下次使用。

三、割灌机

（一）割灌机

割灌机是由二冲程汽油发动机或四冲程汽油发动机为动力，通过传动部件（离合器、传动轴、减速器）驱动工作部件（圆盘锯片或刀盘、刀片、尼龙索头）对园林场地中的杂草和小灌木进行切割，来维护园林中人工建制植物正常生长的一种常用园林机械。割灌机有侧挂式割灌机和背负式割灌机。根据割灌机传动轴的类型，割灌机有硬轴割灌机和软轴割灌机。

（二）割灌机的使用

1. 选择：依据作业对象和作业范围，选择不同的割灌机。通常作业区域较小时选择软轴割灌机，作业更灵活。切割杂草时，选用尼龙索头作为切割部件。切割小灌木或较大的草本植物时，选择圆盘锯片或刀盘、刀片作为切削刀头。

2. 启动：切割部件安装好后，依据所使用割灌机的类型，按照使用说明书的操作步骤，启动发动机。

3. 使用：发动机启动后，空转 1 ～ 2 分钟，观察割灌机一切运转正常后，靠背带上的吊钩将割灌机挂在操作者的侧面，两手握住手柄，根据切割高度横向摆动硬轴，即可完成切割杂草、灌木等作业（图9-11）。

图9-11　侧挂式割灌机

（三）使用割灌机注意事项

1. 使用前，使用者要仔细阅读使用说明书。了解机具的使用范围、技术参数和注意事项。

2. 检查机械各个零部件是否连接牢固，刀具选用是否合适。

3. 作业前，要先到作业现场察看现场情况，作业区域有没有易飞起的小石子和障碍物。

4. 要穿戴好工作服、工作帽、防护眼镜、口罩、耳罩和手套等防护用品。

5. 作业中，锯片、刀片和尼龙索头是否工作正常，如发现锯木、割草不锋利、工作效率低，应停机拆下来检修或更换新件。

6. 引擎运转或处于滞热状态时，不可向油箱添加汽油。

7. 作业后，应清除机器外表杂草和尘土，保持机器清洁。检查锯片磨钝了可用三角锉刀锉锋利。

8. 锯片、刀片用后应用机油擦拭干净，以防锈蚀。

四、挖坑机

（一）挖坑机

挖坑机是以发动机为动力，通过动力传动系统、离合器、变速箱，驱动钻头旋转实现挖坑的目的。挖坑机有人工手扶操纵杆型，还有以拖拉机为动力源，配以液压系统的土坑挖掘机械设备型。主要用于园林树木栽植挖坑与追肥（图9-12）。

a　手扶式　　　　　　　　　　　　　　b　悬挂式

图9-12　挖坑机

（二）挖坑机的使用

1. 选择钻头：依据作业要求的树坑大小和深浅，选择合适的钻头，并安装牢固。

2. 启动：钻头安装好后，启动引擎。

3. 使用：引擎启动后，观察一切正常后，将钻头放到所需打孔的地方，通过离合装置，连接动力到钻头，即可完成所需作业任务。作业中遇到土质较硬或所需挖坑直径过大时，可分次挖掘。先用小直径的钻头开挖，再用直径较大的钻头将小坑扩大，直至坑径和坑深达到要求为止。

（三）使用挖坑机注意事项

1.使用前，使用者要仔细阅读使用说明书。了解挖坑机的使用范围、技术参数和注意事项。

2.检查机械各个零部件是否连接牢固，钻头选用是否合适。

3.作业前，从作业区域清除木棍、石头、瓦砾及其他杂物，并观察地形，提前了解地下是否有树根、水管、电缆等障碍物。

4.要穿戴好工作服、工作帽、防护眼镜、口罩、耳罩和手套等防护用品。

5.严禁酒后及身体不适时使用挖坑机作业。

6.挖坑作业前，应根据种植树木位置，提前做好标记，按照一定顺序开始挖坑作业。

7.挖坑机出现不正常震动或挖坑机与异物撞击时，应立即停止工作。

8.挖坑机在用完入库时，要关闭化油器上的燃油阀门，并拔下火花塞引线。

9.挖坑机应在垂直位置保存，放置在通风、干燥的地方。每次添加燃料之前和入库之前应冷却 15 分钟以上。

五、手推式草籽撒播机

（一）手推式草籽撒播机

手推式草籽撒播机属于小型播种机。是以人工为动力，由料斗、减速器、播种甩盘、机架、地轮等组成。当人工推动撒播机行走时，地轮通过减速器带动播种甩盘转动，料斗内的种子靠自重下落到甩盘上，转动的甩盘将种子撒出去，落到地面上，完成播种的一种种植机械（图 9-13）。园林绿化中，小面积播种采用此机械。大面积草坪播种通常采用拖拉机为动力的大型播种机（图 9-14）。

图 9-13　草籽撒播机

图 9-14　播种机

（二）手推式草籽撒播机的使用

根据草坪建植的成型要求确定播种方式，根据场地形状及大小选择播种行走路线。将选好种子放入料斗。检查设备一切正常后，按照事先选择好的行走线路匀速推动播种机前行，即可完成播种作业。

（三）使用手推式草籽撒播机注意事项

1. 作业前，到作业区域实地观察。清除作业区域内木棍、石头、瓦砾，及其他杂物。确立行走线路。检查播种机是否一切完好。特别是种子输送装置是否通畅。

2. 检查种子中是否有杂物，防止堵塞输送通道。

3. 播种作业中，行走速度一定要保持一致。不可忽快、忽慢。行与行之间要衔接紧密，防止漏播、重播。

4. 备好待播种子，及时添加。

5. 播种作业后，将料斗清理干净。

六、草坪修剪机

（一）草坪修剪机

草坪修剪机是以汽油发动机为动力驱动刀盘对草坪进行修剪的园林机械。它由刀盘、发动机、行走轮、行走机构、刀片、集草袋、扶手、控制部分组成。根据切割装置和行走装置的不同，在构造上有简单的区别，但在功能上基本相同。切割装置有旋刀式、滚刀式、往复刀齿式、甩刀式和尼仑绳式。行走装置有手扶式和乘坐式。手扶式又有手扶推行式和手扶自行式；乘坐式又有坐骑式和拖拉机牵引式或悬挂式（图9-15）。

图9-15　手扶自行滚刀机

（二）草坪修剪机的使用

1. 选择修剪机：使用前根据草坪作业区域的大小、草坪的类型和草坪生长状况选择草坪修剪机的类型。并依据草坪需要修剪的高度，调整好草坪修剪机的底盘高度。

2. 作业前：将作业区域内的石子、树枝等杂物清理干净。检查草坪修剪机各部件的使用情况和燃油情况，特别是机油的含量要在规定范围内。

3. 使用：检查一切正常后，起动发动机，合上离合器，将油门手柄放在工作位置，按预先确定好的线路以恒定速度前进剪草。修剪草坪过程中要定时查看集草袋装草情况，草袋满了之后要及时倒掉。草坪修剪完成后，将油门控制手柄调到慢速位置，运转2分钟后，再推至停止位置，让发动机熄火。

（三）使用草坪修剪机注意事项

1. 使用草坪修剪机的操作人员应预先进行培训，对草坪修剪机的构造和使用方法要充分掌握。

2. 操作人员应对草坪草有一定的了解，并对草修剪技术有一定的掌握。

3. 在使用某一款草坪修剪机前，认真阅读所使用的草坪修剪机的使用说明书。

4. 草坪修剪机工作时，不得将手和脚靠近旋转部位，以免被伤。也不得靠近消音器等发热元件，以防烫伤。

5. 修剪草坪草时一定遵循修剪三分之一的高度原则。

6. 定期更换润滑油，清洁空气滤清器。

7. 草坪修剪机停止使用后，要清理干净。存放在远离汽油、干草等易燃物的地方。

七、草坪打孔机

（一）草坪打孔机

草坪打孔机是由发动机动力驱动滚动刀具或垂直刀具，对草坪进行规定密度的打孔，以改善草坪通气、透水目的的一种草坪机械（图9-16）。

a　行走式　　　　　　　　　　　　b　悬挂式

图9-16　草坪打孔机

（二）草坪打孔机的使用

1. 选择打孔机。根据草坪作业区域的大小和草坪的种类选择适当的草坪打孔机，并安装适合的刀辊。

2. 作业前。打孔前需对作业区域草坪进行清理，将区域内的杂物清理出去，标记无法清除的喷头、树桩等障碍物，并确定草坪打孔机行走线路，然后对草坪进行喷水（或雨后且土壤含水量适当）。

3. 使用。检查机器一切正常后，将限深轮降下、使刀辊孔锥脱离地面，然后启动发动机，开始打孔作业。

若使用自行式草坪打孔机，把打孔机推至需打孔草坪处，升起地轮、放下刀辊。然后合上离合器，跟随打孔机前行即可完成草坪打孔作业。

若使用拖拉机悬挂式打孔机，先将拖拉机开到需要作业的地方，缓慢放下打孔机刀棍的同时开动拖拉机前行。打孔深度可通过高低调节手柄来控制。无论使用哪种草坪打孔机，前进路线都应是直线，拐弯时应先切断行走离合器，升起刀辊。

（三）使用草坪打孔机注意事项

1. 使用草坪打孔机的操作人员应预先进行培训，对草坪打孔机的构造和使用方法要充分掌握。

2. 在使用某一款草坪打孔机前，认真阅读所使用的草坪打孔机的使用说明书。

3. 在打孔作业之前要认真检查打孔作业区域的草坪。将石头、金属线、绳子和其他可能引起危险的物品清理掉，并且要把草坪地上障碍物做标记，如喷头、树桩、阀门等。

4. 使用草坪打孔机工作之前，应使草坪保持一定的湿度，湿润环境能减少草的损伤，但也不可草坪湿度过大，湿度过大易引起滑倒，且行走后在草坪上留下过深的行走痕迹。

5. 不要在硬质地面上放下起落手把，以避免损伤打孔针。

6. 机器工作时，除操作者外，无关人员应离开作业机器15m以上。

7. 机器运转时，不得将手或脚置于可移动或转动的零部件旁，以免造成人员伤亡。也不得靠近发热元件，以防烫伤。

8. 打孔作业完成后，要把机器清理干净。存放在远离汽油、干草等易燃物的地方。

9. 每次清理机器前，要拔下火花塞，防止在清理刀盘、转动刀片时发动机自行启动，造成人员伤害。

八、草坪梳草切根机

（一）草坪梳草切根机

草坪梳草切根机是以发动机为动力，驱动底盘上的工作部件旋转实现对草坪的草毡层进行清理达到清除枯草层，改善土表的通气性和透水性，或切断草坪根部匍匐茎促进分蘖生长，促进草坪健康生长的目的。梳草切根机有两种，一种是专用的梳草机，只能完成梳草功能，如需切根，需要更换切根部件；另一种是通用的梳草切根机，不需更换工作部件，只要调整作业深度，就可实现梳草或切根的目的。草坪梳草切根机由扶手、机架、传动机构、工作部件、地轮和限深轮等组成（图9-17）。

图9-17 草坪梳草切根机

（二）草坪梳草切根机的使用

1. 选择梳草切根机。梳草前需对作业区域草坪进行清理，将区域内的杂物清理出去。根据草坪作业区域的大小和作业的目的，选择适当的机器。

2. 作业前。检查机器各部件连接牢固后，起动发动机。起动前，根据梳草或切根的目的，调整限深轮的高度。不要在硬质地面上起动梳草切根机，以免造成事故。

3. 使用。选择好梳草切根机行走线路后，合上离合器，跟随机器向前移动，开始进行梳草或切根作业。前进路线都应是直线，拐弯时放慢行走速度。

（三）使用草坪梳草切根机注意事项

1. 使用草坪梳草切根机的操作人员应预先进行培训，对草坪梳草切根机的构造和使用方法要充分掌握。

2. 在使用某一款草坪梳草切根机前，认真阅读所使用的草坪梳草切根机的使用说明书。

3. 在草坪梳草切根作业之前要认真检查作业区域的草坪。将石头、金属线、绳子和其他可能引起危险的物品清理掉，并且要把无法清除的障碍物做上标记，如喷头、树桩、阀门等。

4. 不要在硬质地面上放下切根部件，以免损害切根刀片。

5. 机器工作时，除操作者外，无关人员应离开作业机器15m以上。

6. 机器运转时，不得将手或脚置于可移动或转动的零部件旁。以免造成人员伤亡。也不得靠近发热元件，以防烫伤。

7. 梳草作业完成后，要把机器清理干净。存放在远离汽油、干草等易燃物的地方。

8. 每次清理机器前，要拔下火花塞，防止在清理刀片时发动机自行启动，造成人员伤害。

九、打药机

（一）打药机

打药机是由发动机、水泵、储液罐组成，由水泵从储液罐抽取药液喷洒到园林植物上的一种园林机械，通常有手推式、担架式（图9-18a）、车载式（图9-18b）和喷杆式（图9-18c）

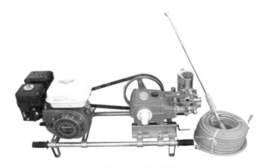

a 担架式机动喷雾机

b 车载式机动喷雾机

c 喷杆式打药机

图9-18 打药机

4 种类型。主要适用于草坪打药、农作物、林业、病虫害防治、施肥、化学除草，城乡卫生防疫及灌溉配套使用。

（二）打药机的使用

1. 启动前检查各部分一切正常后，启动马达带动泵开始工作。

2. 首先用清水试喷，见有水喷出后，检查管路、阀门、仪表等如有破损，应及时更换，连接点如有泄露应尽快修复。仪表用于检查系统压力是否合适，如发现示数异常，应立即更换。观察喷雾状况是否良好，辨别有无异常声响等情况。没有任何异常问题后，即可进入正常的作业。

3. 根据植物病虫害情况，在储罐内配置合理药液，一切准备就绪后，重新启动马达带动药泵，准备作业。

4. 将药液喷洒到需要喷洒的植物上，完成喷药作业。

5. 作业结束后，应在灌内灌满清水，对打药系统进行彻底清洗，以减轻系统中残留药液对管路系统造成的腐蚀。清洗设备的污水，应选择安全地点进行处理，不准随意泼洒，防止污染环境。

6. 盛放农药的空箱、空瓶、空袋等包装要上交库房、统一保管，集中处理。

（三）使用打药机注意事项

1. 操作人员打药时佩戴好防护用具。

2. 操作人员喷药时不要离园林植物太近，应使药液扩散成雾状均匀地喷洒在植物上。

3. 车载式打药机在使用时驾车司机要与打药人员密切配合，做到打药均匀有效。

4. 打药机停喷时，必须待水泵压力降低后才可关闭截止阀，否则会使机具损坏。

5. 存放时间长时，应彻底排净泵内积水，洗净擦干，放在干燥处。

十、枝丫粉碎机

（一）枝丫粉碎机

各类枝丫粉碎机用于将园林养护中产生的废弃物粉碎成木片或木屑，以便更好地收集和利用，枝丫粉碎机的使用缩减了园林废弃物的运输体积，降低了园林废弃物再利用的成本和周期。

枝丫粉碎机有盘式削片机（图 9-19）、鼓式切片机和带自动进料的盘式切片机（图 9-20），以内燃机（汽油机或柴油机）为动力，通过皮带传动带动刀盘或刀鼓转动，刀盘或刀鼓上分布着

图 9-19　盘式切片粉碎机

图 9-20　带自动进料的盘式切片机

一系列刀片，对从进料口进入的枝丫进行粉碎。大型粉碎机有自动进料机构，小型粉碎机靠木料自重进行进料。

（二）枝丫粉碎机的使用

1. 枝丫粉碎机禁止投入铁丝、铁钉、石头、玻璃瓶、易拉罐等非木质物品，树枝上如有铁钉，使用粉碎机进行粉碎或切片前应事先将铁钉清理掉。

2. 禁止将超过机器最大切削能力的树枝投入机器进料口。

3. 连续长时间使用设备应适当停机休息。

4. 禁止设备运行过程中进行清理或维护保养，待机器完全停止转动后再清除堵塞物。

5. 按照厂家的要求定期检查刀片螺钉的扭矩，检查进料辊轴承、液压马达、刀盘轴承紧固件是否松动，如有松动，及时紧固。定期给轴承黄油嘴加注润滑油。

6. 定期检查刀片的锋利程度，如果磨钝了，应及时打磨锋利，可避免切削效率降低。

7. 检修喂料辊时，必须将喂料辊的安全锁销固定好。

8. 每次使用完，及时清理粉碎机上的木料碎屑、枝叶。

（三）使用枝丫粉碎机注意事项

1. 操作人员必须佩戴好安全保护用品。排料口排出的碎屑有可能打到周边人员身上，因此操作者必须佩戴护目镜、安全帽、防护面罩。动力和工作部件工作时产生强烈的噪声，因此操作者必须佩带听力保护的耳塞。

2. 避免穿着宽松的衣服或佩带带有挂绳的饰物，以免卷入设备。

3. 饮酒后、身体不适、精神体力状态不佳时，禁止操作设备。

4. 启动前，清理刀盘仓和进料口，确保各防护罩和安全垂帘正常。检查所有螺钉、螺母和其他紧固件是否安全紧固。

5. 清理作业区域周边15m范围内的障碍物和旁观者。

6. 禁止在高速路上作业，禁止将出料口直接对准道路、停车场或行人。禁止将手等身体的任何部位伸进进料口、出料口及其他任何转动的部位，保证身体的任何部位在出料口的后面。

7. 禁止在发动机高速状态下离合皮带。

8. 如遇异常振动，应立即关闭发动机，检查刀片、刀盘、刀盘仓。

第三节　灌溉器械

在绿化工程的附属设施中，还有给水灌溉、绿地排水、绿地护栏等设施。在这里我们仅对各类绿地中常用节水灌溉设施中的喷灌、滴灌、渗灌予以介绍。

一、滴灌

（一）滴灌

滴灌是滴水灌溉的简称。滴灌系统一般由水源、首部枢纽、输配水管网和灌水器四部分组成。通过安装在毛管上的滴头、孔口或滴灌带等灌水器将水一滴一滴地、均匀而又缓慢

图 9-21　滴灌

地滴入植物根区附近土壤中的灌水形式。滴灌是最省水的灌溉方法，但滴头容易出现堵塞问题。园林绿化中主要用于花卉、苗圃等的灌溉（图 9-21）。

（二）滴灌的使用

1. 根据水源位置与需灌溉植物的距离及高度差，配置安装压力匹配的输水装置、过滤器、控制与测量仪表等设备。

2. 根据绿化种植形式铺设输配水管网。

3. 根据植物的生长情况确定好滴头的位置和间距。

4. 依据植物蓄水情况确定灌水时机，根据生长蓄水情况确定浇水时长，如果是自动装置调整好相关输水参数便可。

5. 浇水完毕后关掉电源开关，并查看灌溉设备和田间灌溉情况以便确定下一次灌溉的时间。

（三）使用滴灌注意事项

1. 防止滴孔堵塞。定期清理过滤装置，并清除杂质。

2. 注意水压。压力要适中，避免软带破裂。

3. 非全自动输水装置需人工注意关闭输水开关，以达到准确用水要求。

4. 保管好塑料管材。管材和软带长时间不用时，应收集起来，放到避光和温度较低的地方保存，再用时要检查是否有破裂漏水或堵塞，维修后再重新铺设。

二、喷灌

（一）喷灌

喷灌是利用喷头等专用设备把有压水喷洒到空中，形成水滴落到地面和植物表面的灌溉方法。相对于滴灌来说喷灌喷洒面积、水压、喷量都比较大。在园林绿化中主要是用于植被的浇灌。用得较多的有：固定管道式喷灌、半移动式管道喷灌、中心支轴式喷灌机和大型平移喷灌机（图 9-22）。

a 固定管道式喷灌　　　　　　　　　　　　　　b 半移动式管道喷灌

图9-22 喷灌

（二）喷灌的使用

1. 将动力机和水泵安装在水源处。

2. 根据栽植植物情况，将干管和支管埋在地下或架在空中。

3. 在支管上，每隔一定距离布置竖管，竖管上安装喷头。根据需水量、喷射半径以及被喷灌的植物材料，选择不同规格类型的喷头。

4. 作业时根据需要可部分地块喷灌也可以整块地同时进行喷灌。

5. 如果是固定式喷灌系统则在安装各个设备完成后，直接打开动力系统的开关便可。

6. 如果是半固定式喷灌系统，根据需要确定支管、竖管和喷头，然后与干管的预留阀门连接。再开启动力设备。

7. 浇水完毕后要在植物地块检查浇水情况，确认达到浇灌目标。定期检查各个喷灌系统设备有无损坏，有损坏的要及时维护。

（三）使用喷灌注意事项

1. 喷灌设备启动后，3分钟未出水，应停机检查。

2. 喷灌设备运行中若出现不正常现象，如杂音、振动、水量下降等，应立即停机，要注意轴承温升，其温度不可超过75℃。

3. 观察喷头工作是否正常，有无转动不均匀、过快或过慢，甚至不转动的现象。观察转向是否灵活，有无异常现象。

4. 应尽量避免引用泥沙含量过多的水进行喷灌，否则容易磨损水泵叶轮和喷头的喷嘴，并影响植物的生长。

5. 在根据需要更换喷头时，可以拧紧或放松摇臂弹簧来实现。还可以转动调位螺钉调整摇臂头部的入水深度来控制喷头转速。

6. 喷灌设备长时间停止使用时，必须将泵体内的存水放掉，拆检水泵、喷头。擦净各部件上的水渍，涂油重新装配好各个部件后，封闭好进出水口，放在干燥的地方保存。管道应洗净晒干，软管卷成盘状，放在阴凉干燥处保存。切勿将上述机件放在有酸碱和高温的地方。

三、渗灌

（一）渗灌

渗灌即地下灌溉。埋于地下一定深度的渗水管道将灌溉水输入田间，借助土壤毛细管作用，湿润土壤的灌水方法（图9-23）。

图9-23　渗灌

（二）渗灌的使用

1. 根据水源地安装好渗灌的首部枢纽（水泵、动力机、压力罐、压力表、过滤器和控制阀门等）。

2. 根据植物需水情况铺设好输水管网（即干管、支管、渗灌管）。铺设深度根据植物根系生长情况而定。

3. 根据植物需水情况，调节好压力阀门，如安装了定时装置可以调节好时间进行灌溉，待各项灌溉指标调节完毕后打开供水装置进行灌溉。

（三）使用渗灌注意事项

1. 渗管埋设处土质黏度不能过高，以免影响渗管堵塞。

2. 渗灌次数和灌水量应根据植物的需水规律适时适量进行。

3. 每次开灌前必须对各段管道进行高压冲洗。

4. 灌溉结束后应打开堵头进行冲洗，以清除管内沉淀的泥沙杂物。

5. 渗灌系统运行一段时间还应采用酸性水进行化学冲洗，以清除管内微生物，防止结团堵塞。

第四节　动力机

园林机械种类繁多，结构、性能、用途各异，但无论什么类型的机械，除手工工具或无动力机械外，大多使用内燃机作为动力。

一、二冲程汽油机

（一）二冲程汽油机

二冲程汽油机通常作为汽油动力油锯、割灌机、绿篱机等便携式园艺工具的动力，汽油机动力通过离心式离合器，将动力传给变速箱或传动轴传递给工作部件。

（二）二冲程汽油机的使用

1. 使用二冲程的便携式园艺工具通常通过油门控制杆控制离合器的脱离和结合，因此油门控制杆调整必须要保证松开油门控制杆后，工作部件要停转。

2. 连续使用时间过长，容易使发动机温度过高，因此每使用1小时左右，停机15～20分钟，要避免发动机过热或超负荷运行，造成发动机拉缸或报废。

3. 严禁在无负荷或超负荷的状态下硬轰油门，造成发动机的缸筒活塞及活塞环非正常磨损，甚至拉缸导致汽油机报废。

（三）二冲程汽油机使用注意事项

1. 按照制造商的建议，确定汽油和机油的混合比例和等级。不是所有二冲程汽油机采用同样的混油比例。注意冬天和夏天机油规格的选择。

2. 由于二冲程汽油机无专用的润滑系统，是靠燃油中的机油来润滑的，所以配制燃油及加油时，一定要保证油料干净无尘，加油前后要及时清理汽油机油箱的油口和盖子，保证干净无尘；尘土与杂物进入燃油中，会使发动机拉缸甚至报废。

3. 不要在燃料箱内混合汽油和机油。

4. 加油时应远离火花、明火、热源以及其他任何火源。

5. 添加燃料前，首先要关闭发动机，令发动机充分冷却，其次拆下油箱盖加油。

二、四冲程汽油机

（一）四冲程汽油机

园林机械中草坪机、打孔机、梳草机以及一些坐骑式园林机械大多使用四冲程汽油机为设备的行走和工作部件的运动提供动力，应用非常普遍。

（二）四冲程汽油机的使用

1. 四冲程汽油机将汽油燃料和空气混合后，直接输入气缸，通过活塞的往复运动将燃料中的化学能转化为机械能。

2. 四冲程汽油机通常使用皮带或齿轮传动，将动力从汽油机传递给工作部件或行走轮。

3. 四冲程汽油机相对二冲程汽油机结构更加复杂，是机械的核心部分和关键部件。

（三）四冲程汽油机使用注意事项

1. 燃料添加：添加燃料前，首先要关闭汽油机，令汽油机充分冷却，其次拆下油箱盖加油。在户外或者通风良好的区域内添加燃油。加油切勿溢出，考虑到汽油的膨胀和设备运行过程中的振动，切勿使油面超过油箱颈部的下部。如汽油溅出或溢出，应擦拭干净并待其蒸发后再启动汽油机。加油时应远离火花、明火、热源以及其他任何火源。

2. 禁止拆除消音器外的热防护罩运行汽油机，经常清除消音器和气缸或附近区域累积的碎屑，促进散热，避免火灾。

3. 禁止拆除空气滤清器和燃油过滤器运行汽油机。

4. 按照使用说明书中的要求，定期更换机油。

5. 禁止过度倾斜汽油机，避免机油润滑不足。

6. 设备维护保养时，首先拔下火花塞高压线，避免汽油机意外启动造成事故。

7. 禁止随意调整调速机构弹簧、连接部件或者其他零件来增加发动机转速。

8 设备周边有天然气或其他液化石油气泄露时，切勿启动汽油机，以免引起附近可燃气体爆炸或火灾。

9. 注意避免汽油机排放的有害气体造成人员中毒。

参考文献

1. 北京市园林局 . 园林绿化工人技术培训教材 [M]. 植物与植物生理，1997

2. 北京市园林局 . 园林绿化工人技术培训教材 [M]. 土壤肥料，1997

3. 北京市园林局 . 园林绿化工人技术培训教材 [M]. 园林树木，1997

4. 北京市园林局 . 园林绿化工人技术培训教材 [M]. 园林花卉，1997

5. 北京市园林局 . 园林绿化工人技术培训教材 [M]. 园林识图与设计基础，1997

6. 北京市园林局 . 园林绿化工人技术培训教材 [M]. 绿化施工与养护管理，1997

7. 张东林 . 初级园林绿化与育苗工培训考试教程 [M]. 北京：中国林业出版社，2006

8. 曹慧娟 . 植物学（第二版）[M]. 北京：中国林业出版社，1999

9. 陈有民 . 园林树木学 [M]. 北京：中国林业出版社，2000

10. 卓丽环，龚伟红，王玲 . 园林树木 [M]. 北京：高等教育出版社，2006

11. 鲁涤非 . 花卉学 [M]. 北京：中国农业出版社，2000.

12. 高润清，李月华，陈新露 . 园林树木学 [M]. 北京：气象出版社，2001

13. 北京林业大学园林系花卉教研组 . 花卉学 [M]. 北京：中国林业出版社，2000

14. 秦贺兰 . 花坛花卉优质穴盘苗生产手册 [M]. 北京：中国农业出版社，2011

15. 宋利娜 . 一二年生草花生产技术 [M]. 郑州：中原农民出版社，2016

16. 陈远吉，李春秋 主编 . 园林绿化工程施工 / 看图快速学习园林工程施工技术 [M]. 北京：机械工业
    出版社，2014.2

17. 彩万志，庞雄飞，花保祯，梁广文，宋敦伦 . 普通昆虫学（第 2 版) [M]. 北京：中国农业大学出版
    社，2011

18. 丁梦然，王昕，邓其胜 . 园林植物病虫害防治 [M]. 北京：中国科学技术出版社，1996

19. 陶万强，关玲 . 北京林业有害生物 [M]. 哈尔滨：东北林业大学出版社，2017

20. 王振中，张新虎 . 植物保护概论 [M]. 北京：中国农业大学出版社，2005

21. 萧刚柔 . 中国森林昆虫（第 2 版增订版）[M]. 北京：中国林业出版社，1992

22. 许志刚 . 普通植物病理学（第 4 版）[M]. 北京：高等教育出版社，2009

23. 夏冬明 . 土壤肥料学 [M]. 上海：上海交通大学出版社，2007

24. 崔晓阳，方怀龙 . 城市绿化土壤及其管理 [M]. 北京：中国林业出版社，2001

25. 宋志伟 . 土壤肥料 [M]. 北京：高等教育出版社，2009

26. 沈其荣 . 土壤肥料学通论 [M]. 北京：高等教育出版社，2000

27. 王乃康，毛也冰，赵平 . 现代园林机械 [M]. 北京：中国林业出版社，2011

28. 俞国胜 . 草坪养护机械 [M]. 北京：中国农业出版社，2004

29. 李烈柳 . 园林机械使用与维修 [M]. 北京：金盾出版社，2013

30. 张秀英 . 园林树木栽培学 [M]. 北京：高等教育出版社，2005

31. 何芬，傅新生 . 园林绿化施工与养护手册 [M]. 北京：中国建筑工业出版社，2011

32. DB11/T 213—2014. 城镇绿地养护管理规范 [S]. 北京：北京市质量技术监督局，2015